KB274394

GUEST HOUSE

2만원의 행복;

게스트하우스에서의
하룻밤

게스트하우스에서의 하룻밤

1판 1쇄 발행 2012년 8월 4일
1판 3쇄 발행 2013년 6월 20일

지은이 _강희은
펴낸이 _ 정원정, 김자영
편집 _ 홍현숙
디자인 _ Gata Design 010-3354-5646

펴낸곳 _ 즐거운상상
주소 _ 서울시 용산구 문배동 7-6 이안1차 102동 오피스 1003호
전화 _ 02-706-9452 팩스 _ 02-706-9458
전자우편 _ happywitches@naver.com
출판등록 _ 2001년 5월 7일
인쇄 _ 백산하이테크

ISBN 978-89-92109-92-5

즐거운상상

GUEST HOUSE

2만원의 행복;
게스트하우스에서의 하룻밤

글과사진

강희은

즐거운상상

여행자의 로망이
시작되는 그곳, 게스트하우스

스무 살, 아르바이트로 모은 돈을 탈탈 털어 80일 동안 유럽 배낭 여행을 떠났다. 그때 나와 동행한 책은 《여행자의 방》이었다. 여행 작가 미노가 유럽의 별난 숙소들을 여행한 기록을 담은 책인데, 이 책을 보며 숙소를 찾아다니곤 했다. 여행 중 밥을 굶거나, 꼭 봐야한다는 필수여행지를 건너뛰더라도 대단한 일이 생기지 않지만, 그날 머물 숙소를 잡지 못한다면 큰 일이 벌어지니 말이다.

그때의 여행을 통해서 게스트하우스를 알게 되었다. 그리고 몇 년 전부터 우리나라에도 게스트하우스가 생겨났고, 한국의 게스트하우스가 궁금해졌다. 그 궁금증에 이끌려 지난 봄부터 여름까지 우리나라 '게스트하우스'를 여행하게 되었다. 서울에서 부산, 경주, 통영, 여수, 순천, 춘천, 속초, 안동, 전주, 광주 그리고 해남의 땅끝마을에 이르기까지 스무 곳의 게스트하우스에서 만난 사연 많은 주인들과 전국 곳곳, 해외 곳곳에서 모여든 게스트들의 이야기는 정말이지 밤을 새도 다 풀어놓지 못할 만큼 흥미진진했다.

"게스트하우스가 뭐예요?"

"우리나라에도 게스트하우스가 있어요?"

여행을 하며 이런 질문을 많이 받았다. 나 역시 우리나라에 이처럼 많은 게스트하우스가 있다는 것에 정말 놀랐다. 우리나라는 지금 게스트하우스 전성시대를 눈앞에 두고 있는 것 같다. 많은 사람들이 단지 잠만 자는 숙소가 아닌 여행자들의 이야기가 넘치는 공간을 원하고 있기 때문이다. 또 게스트하우스가 어엿한 하나의 문화로 자리매김하고 있다는 사실이 여행자로써 더없이 반가웠다.

외국 여행이 남의 것을 구경하는 기분이었다면, 전국을 돌아다닌 이번 여행은 잊고 있던 내 것을 찾는 기분이었다. 우리나라 곳곳의 멋진 여행지를 둘러보고 또 게스트하우

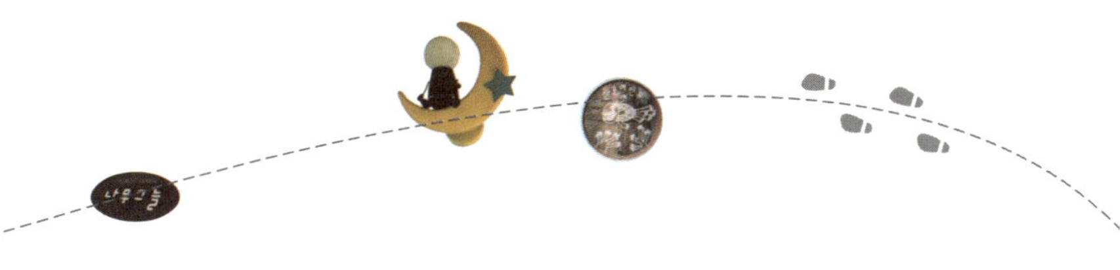

스를 탐색하는 일은 외국 여행보다 훨씬 짜릿했다. 그 매력에 빠진 건 나뿐만이 아니었다. 게스트하우스가 뭐냐고 묻던 이들도 여행자의 이야기로 가득한 게스트하우스의 매력에 금세 빠져버렸다.

크고 작은 방 안에 가득 자리한 이층침대 중 하나, 나만의 공간에 자리를 잡고, 다른 여행자들의 공간을 살피며, 저 자리의 여행자는 어떤 사람일지 이 자리의 여행자는 어떤 사람일지를 상상했다. 오늘은 누가 어떤 이야기를 가지고 올지 매일매일 두근거렸다. 때때로 그들의 이야기에 빠져 잠자는 걸 잊기도 하고, 공장에서 찍어내는 물건처럼 똑같은 삶을 벗어 던지고 게스트하우스를 차린 주인장들의 이야기를 들으며 그 용기에 감탄하기도 했다.

내가 써내려간 것들은 게스트하우스에서의 나의 일거수일투족이다. 그곳에서 일어난 사건이 담겨있고, 그곳에서 만난 사람들이 담겨있고, 그곳의 소소한 풍경이 담겨있다. 그래서 누군가 내 초라한 일상을 들춰보는 것처럼 괜히 쑥스럽기도 하다. 그러면서도 이상하게 마냥 좋다. 그러니 이 책을 읽는 여러분도 함께 여행하는 마음으로 읽어주면 참 좋겠다.

이 스무 개의 이야기가 단지 우리나라 게스트하우스를 정의하는 단순한 기록이 아니라, 지금도 머리 누일 곳을 찾아 어느 길 위에 있을 여러분에게 작은 보탬이 되길 바란다. 어쩌면 낯선 유럽 한복판에서 숙소를 찾아 헤매던 철없고 겁없던 스무 살, 그때의 나에게 바치는 책인지도 모르겠다.

2012년 여름
강희은

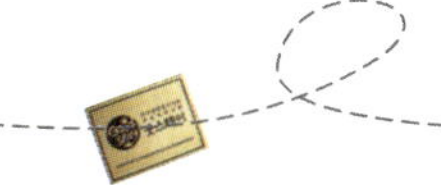

Contents

Q 대체 게스트하우스가 뭔가요?

A 게스트하우스(Guest House)란, 여행자를 위한 공용 숙소다. 여행자들은 주로 '게하'라고 부른다. 침실, 화장실, 주방으로 구성되어 있는데 모두 공용으로 사용하는 것이 특징이다. 가격은 지역과 시설에 따라 다소 차이가 있지만 하루에 보통 2만 원 내외다. 찜질방 가격과 비교하며 비싸다고 하는 여행자도 있지만 대부분 간단한 조식을 제공하고 자신의 침대를 지정 받을 수 있어 여행 중에도 편하게 휴식을 취할 수 있다. 무엇보다 게하를 이용하면 많은 여행자를 만날 수 있다는 점이 가장 큰 매력. 여행 정보를 공유할 수 있고 여행 이야기를 할 수 있는 공간이다. 여행을 좀 아는 사람은 무조건 게스트하우스로 간다고 보면 된다.

Q 게스트하우스는 외국에만 있는 줄 알았는데 우리나라에는 언제 생겼나요?

A 게스트하우스는 제주와 서울을 중심으로 생겨나기 시작했으며, 4~5년 정도 된 곳은 게스트하우스 업계에선 꽤 오래된 곳으로 통한다. 전국에 본격적으로 생겨나기 시작한 것은 1년 안팎으로 현재도 계속해서 생겨나는 추세다.

Q 국내 게스트하우스는 몇 개나 되나요?

A 서울과 부산, 제주도에 가장 많은데 소문에 의하면 서울 홍대지역에만 100여 곳 가까이 된다고 한다. 제주도는 두말할 것도 없이 많고, 그 다음으로는 경주에 20곳 정도 있으며 순천, 여수, 전주, 속초, 안동 등 대부분의 도시에 여러 개의 게스트하우스가 운영 중이다.

Q 예약은 어떻게 하나요?

A 대부분의 게스트하우스는 전화나 인터넷으로 예약 후에 이용할 수 있다. 대부분 선입금 방식으로 예약이 완료된다. 간혹 예약금을 받지 않고 도착 후 정산하는 곳도 있다.

Q 입실 퇴실 시간이 있나요?

A 그렇다. 게하마다 약간씩 다르지만, 주로 입실은 오후 2시, 퇴실은 오전 11시 정도다. 입실시간 전에 도착한다면 호스트에게 말해 짐을 먼저 맡겨 둘 수도 있다. 2박 이상 묵는다면 당연히 하루 종일 머물러도 된다.

Q 잠자는 방은 어떻게 생겼나요?

A 게스트하우스는 대부분 이층침대가 있는 도미토리로 운영된다. 2인실, 4인실, 6인실 등 인원수는 다양하며, 이불과 베개를 제공한다.

Q 조식을 제공하나요?

A 대부분의 게스트하우스에서 간단한 토스트와 잼, 버터, 계란, 우유, 주스, 커피 등을 제공한다. 게스트하우스에 따라 메뉴는 빠지거나 추가된다. 토스트기에 직접 식빵을 굽고 계란 프라이도 직접 만들어먹어야 하며, 설거지도 당연히 스스로 해야 한다. 조식은 오전 시간만 제공하지만 조식 시간이 따로 없는 곳도 종종 있다. 또 누룽지와 김치, 잣죽을 주거나 호스트에 따라 푸짐한 한식을 주는 곳도 있고, 조식을 제공하지 않는 곳도 있다.

Q 준비해야 할 물품이 있나요?

A 대부분의 게스트하우스에서는 샴푸, 치약, 수건 등을 제공한다. 하지만 때로 제공하지 않는 곳도 있으니 홈페이지나 전화로 미리 확인하고 가자.

Q 게스트하우스엔 어떤 사람들이 오나요?

A 다양한 사람이 전국 혹은 세계 각국에서 모여든다. 디자이너 혹은 회사원, 학생, 간호사, 취업준비생 등 여러 사람이 한자리에 모인다. 게스트하우스를 여행하며 직업의 다양성에 놀랐다. 하지만 결국 게스트하우스에는 여행자들이 모인다.

Q 좋은 게스트하우스를 어떻게 고르나요?

A 게스트하우스는 시설만으로 좋고 나쁘고를 따질 수 없다. 사실 시설은 크게 상관이 없다. 호스트가 여행자와 코드가 잘 맞을 수도 있으며 그날 만난 여행자들과 함께 즐거운 시간을 보낼 수 있는 행운이 올 수도 있기 때문이다.

Q 남녀 혼숙도 있다는데 사실인가요?

A 그렇다. 남녀 혼숙이 가능한 게스트하우스도 있다. 외국 게스트하우스는 열에 아홉은 혼숙으로 운영되지만 우리나라는 보편적인 정서와 맞지 않아 그리 많지는 않다. 외국인 여행자가 많은 서울지역엔 혼숙이 꽤 있는 편이다.

Q 혼자 가도 될까요?

A 혼자 하는 여행이 두려운 사람은 더더욱 게스트하우스를 선택하자. 특히 게스트하우스의 도미토리는 혼자 온 여행자를 위해 생겨났다고 보면 된다. 게스트하우스의 주인장들은 세 명 이상이 함께 온 여행자들을 그닥 달갑지 않게 생각한다. 여럿이 모이면 무서운 게 없어지듯, 진상 여행자들 중엔 단체여행자들이 많다.

Q 위험하지는 않나요?

A 게스트하우스는 여행자가 머무는 곳이므로 게스트의 편의와 안전을 위해 스태프 혹은 호스트가 상주한다. 아무도 없는 찜질방이나 모텔보다 안전하다. 물론 주인이 크게 신경쓰지 않는 게스트하우스도 있지만, 대부분의 게스트하우스에 들어서면 안전지대에 온 것 같은 편안한 느낌이 든다.

Q 요리해 먹을 수 있나요?

A 요리해 먹을 수 있는 곳도 있고 아닌 곳도 있다. 그릴을 빌려주는 곳도 있고, 주방을 자유롭게 사용할 수 있는 곳도 있다. 하지만 전자레인지 이외에 아무것도 사용할 수 없는 곳도 있다.

Q 이불은 깨끗한가요?

A 유럽의 경우 침낭이 없으면 눕지 못 할 정도로 더러운 침대시트를 가진 곳도 있지만, 우리나라 대부분의 게스트하우스에서는 매일 침대와 베개시트를 갈고 청결에 힘쓰고 있다. 그러니 이불 걱정은 괜한 걱정이다.

Q 게스트하우스는 가정집 느낌인가요?

A 그런 곳도 있고 아닌 곳도 있다. 6명만 머물 수 있는 가정집처럼 아담한 곳도 있고, 무려 120명을 수용할 수 있는 큰 곳도 있다. 외국 게스트하우스는 가정집 분위기가 많지만 한국의 게스트하우스는 현재 딱 이렇다 할 정의를 내릴 수 없이 규모와 분위기가 천차만별이다. 하지만 규모나, 스타일을 떠나 작든 크든 게하의 역할을 해내고 있는 것은 마찬가지다.

Q 몇 시쯤 자야 하나요?

A 여행자 마음이다. 게스트들과 이야기를 하고 싶으면 공용공간이나 도미토리 안에서도 이야기할 수 있다. 물론 피곤하면 자신의 침대에서 잠을 청해도 된다. 게스트하우스에 따라 소등 시간이 정해져있는 곳도 있다.

Q 음주가 가능한가요?

A 물론 가능하다. 다만 방에서 음식 섭취를 제한하는 곳이 많다. 게스트하우스마다 음식을 먹을 수 있는 지정 장소가 있으니 그곳을 활용하면 된다. 간혹 맥주 2캔 이하로 제한하는 숙소도 있다. 여행 중 들뜬 마음을 음주로 풀다 진상여행자가 되지 말고, 주량을 생각해 알아서 적당히 마시도록 하자.

Q 공용공간이니 불편하지 않나요?

A 당연히 불편하다. 가끔 진상 여행자들을 만나면 더더욱 그렇다. 설거지를 안 하고 쌓아둬서 뒷사람이 사용할 물 잔을 없게 만드는 여행자도 있고, 방에서 늦게까지 떠들어 수면에 방해가 되는 여행자도 있다. 게스트하우스를 편하게 이용하고 싶다면 자신을 먼저 돌아보자.

Q 꼭 게스트하우스여야 하나요?

A "1년 후 자신의 모습은 어떤 사람을 만나느냐, 어떤 책을 읽느냐에 달렸다." 라는 글귀가 기억이 난다. 게스트하우스를 다니면서 참 많고 다양한 사람들을 만났다. 평생 살면서 한번 만날까 말까 하는 사람들도 만나고, 그들의 이야기를 통해 세상이 넓다는 것을 배우고, 그런 삶도 있다는 것을 깨달았다.

벌집이다.
여행자들이 꽃을 찾는 벌처럼 몰려들어
달달한 꿀을 만들어 내니까.
오늘 이곳을 찾는 벌이 당신이길.

홍대 비하이브 게스트하우스 host

희로애락이다.
사람이 쉬어가는 곳,
한사람의 인생이 고스란히 묻어나니까.

전주 나무그늘 게스트하우스 host

거리다.
이야깃거리, 웃음거리, 재미거리가
쉴 새 없이 차오른다.

순천 올라 게스트하우스 host

이상한 곳이다.
이곳에선 아무에게나 말을 걸어도
편견 없이 어울릴 수 있다.
밖에서 그러면 정말 이상한 사람이 되는 데 말이다.

광주 남도 게스트하우스 host

세계다.
한집에 세계 각국의 여행자들이 머무르니까

북촌 연우 & 인우 게스트하우스 host

물음표다.
다녀간 네가 궁금해.

춘천 나비야 게스트하우스 host

□□다.
네모는 감히 내가 채울 수 없다.
다녀간 여행자만이 채울 수 있다.

경주 경주 게스트하우스 host

베이스캠프다.
내 인생에도 그리고 그들의 인생에도
베이스캠프가 되기를.

경주 모모제인 게스트하우스 host

행복을 추구하는 곳이다.

세상 모든 짐 잠시 잊고
행복한 미소를 지을 수 있는 곳이니까.

통영 통영1호점 게스트하우스 host

나의 세컨드하우스다.

부산을 떠올렸을 때
'아, 거기 우리 집 있지' 라는
기분이 드니까.

부산 더플래닛 게스트하우스 host

문화다.

게스트하우스에는 여행지에 대한
모든 문화가 깃들어 있다.

부산 스토리 게스트하우스 host

행복한 추억이다.

인생을 돌아봤을 때
한 자락 그림을 그릴 수 있는 추억이다.

안동 만휴 게스트하우스 host

열정이다.

나의 열정, 그리고 그들의 열정이 만나
그 열기는 식을 줄 모른다.

대구 피터팬 게스트하우스 host

해피다.

안 그래도 행복한 여행이 더 행복해지니까.

명동 해피가든 게스트하우스 host

충전 에너지다.

순천 순천 게스트하우스 host

비우고 채우고다.

살아온 짐은 비우고,
다시 살아갈 힘을 채우는 곳이니까.

여수 향일암 게스트하우스 host

게스트하우스는
낯선 친구의 집이다.

백희정

게스트하우스는
소통이다.

조경선

게스트하우스는
즐거움이다.

정상희

게스트하우스는
인생이다.

육태우

게스트하우스는
재미진 곳이다.

김지애

게스트하우스는
마음의 상처를 치유하는 공간이다.

윤성한

게스트하우스는
다른 세상이다.

배원일

게스트하우스는
cozy다.

제르미

게스트하우스는
동네 형 집이다.

김대호

게스트하우스는
나를 발견하게 한다.

홍상수

게스트하우스는
피난처다.

carol ang

게스트하우스는 소셜이다.
Julia Rucinski

게스트하우스는 새로운 도시를 탐구할 수 있는 공간이다.
Tom Keegan

게스트하우스는 반가움이다.
Erin Buchen

게스트하우스는 친근함이다.
Alex Earley

게스트하우스는 나무다. 이왕이면 잎이 넓은 활엽수.
서명지

게스트하우스는 술잔이다.
김새롬

게스트하우스는 게스트 홈이다.
김경민

게스트하우스는 시골버스 정류장이다.
: 난 시골 출신인데 시골길 버스정류장에 앉아 들판을 보고 있으면 맘이 따뜻해졌거든.
김재필

게스트하우스는 집이다.
양찐

게스트하우스는 만남의 장소다.
김상후

게스트하우스는 인터내셔널이다.
오윤희

나무그늘 게스트하우스

평화로운 전주,
나무그늘 같은 아늑한 쉼터

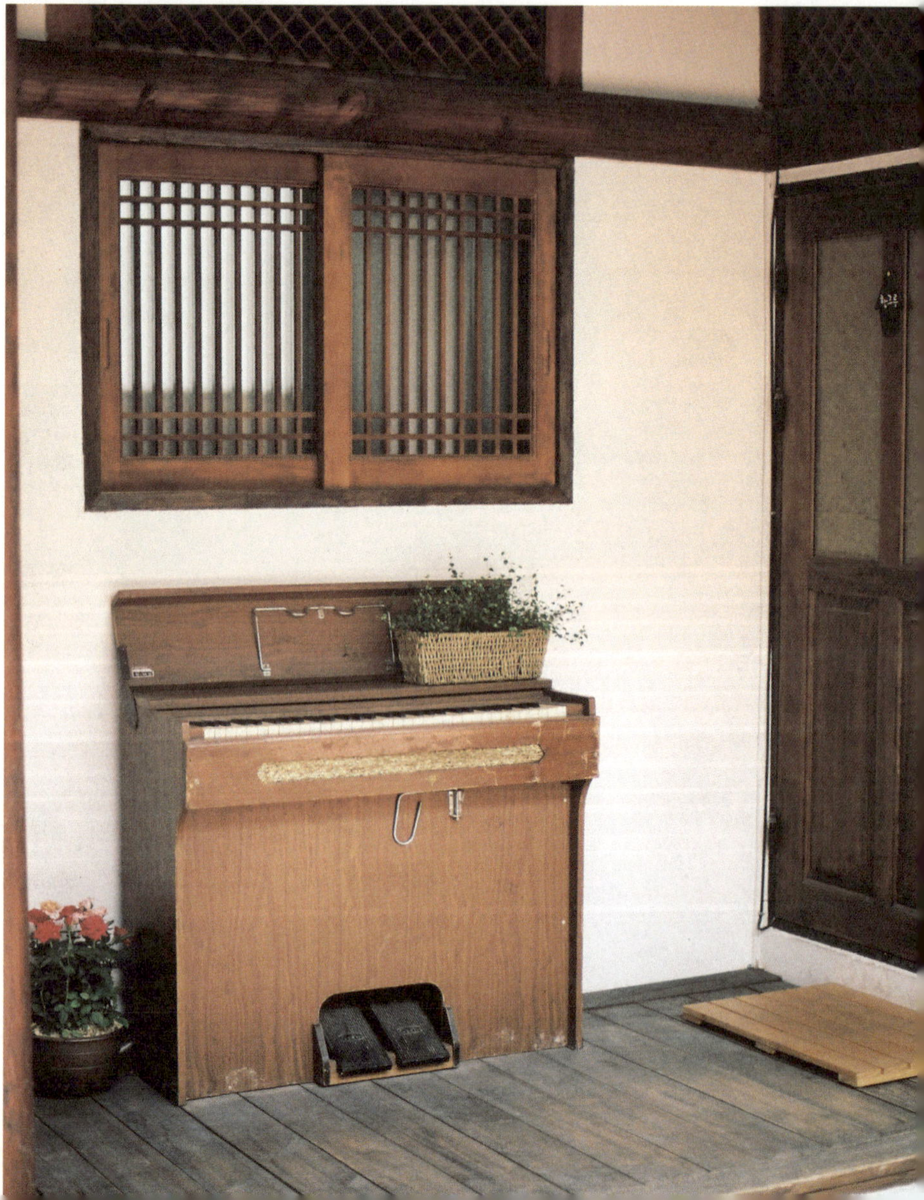

Writer's Comments

영화 '약속'의 촬영지로 유명한 전동성당부터 경기전과 남부시장까지 전주 한옥마을 주요 관광지를 걸어서 돌아볼 수 있는 최적의 위치에 자리해 있다. 편안한 나무그늘 같이 조용한 공간이라 혼자 여행하는 여성이나 가족이 머물기에 좋다. 깔끔한 주인을 닮아 깨끗하고, 고전 한옥의 고풍스러움에 현대적인 멋이 가미된 인테리어는 멋진 추억을 만들기에 부족함이 없다. 주인이 추구하는 숙소의 운영방침상 남녀커플은 반기지 않으니, 커플여행자들은 다른 숙소를 알아보는 게 좋겠다. 조식은 제공되지 않지만. 맛있는 음식의 메카인 전주에서 어쩌면 다행스런 일인지도 모른다.

1 맑은 하늘과 잘 어울리는 나무 그늘의
간판.
2 현관을 열면 바로 보이는 나무그늘의
마당 모습. 정면엔 호스트 사무실이 있고,
오른쪽으로 게스트들의 방이 있다.
3,6 일층 세 개의 방안엔 모두 화장실과
싱크대가 있고, 도미토리룸은 공용 화장실
과 샤워실이 있다.
4 2인실인 '두그루'방. 스탠드가 놓여져
있어 아늑하다.
5 나무그늘에 있는 세 개의 방 중 '한그루'
방의 모습.

GUESTHOUSE INFO

add _ 전주시 완산구 교동 222-11
price _ 도미토리 2만원 / 2인실 6만원,
6만 5천원, 7만 5천원
(2인 기준 금액으로 1명 추가시
1만원이 추가)
in & out time _ 2시 · 11시
meal _ 제공하지 않음.
service _ 드라이기, 거울, 커피포트,
수건, 와이파이 등
tel _ 010 9121 9166(통화가능 오후
6~10시 그 외 시간 문자 문의)
web _ blog.naver.com/dudntjsdk

안락하고 깔끔한 나무그늘 게스트하우스

나무그늘 게스트하우스는 전주 한옥마을과 함께 2009년에 문을 열었다. 홈페이지를 통해 본 나무그늘의 내부 사진들은 전통 한옥보다는 퓨전 한옥에 가까워 보였다. 나무그늘의 한옥느낌이 매력적으로 다가와 당장 나무그늘로 숙소를 정했다. 전주 터미널에서 한옥 마을까지 가깝다는 말에 냅다 택시를 타서는 기사님을 귀찮게 했다. 전주는 어디가 좋은지 비빔밥은 어디가 맛있는지 뭐가 유명한지 질문세례를 날렸다. 기사님은 "아 뭐 다 거기서 거기야 허허." 같은 대답만 반복했다. 전주에 온 건 이번이 두 번째. 처음에 일 때문에 왔었는데 그때도 전주 사람들은 "아 뭐 거기서 거기야." 라고 말했다. 전주 주민들은 원래 동네 자랑에 약한 모양이다.

나무그늘은 영화 '약속'의 촬영지로 유명한 전동성당과 태조 이성계의 영정을 모신 경기전, 해장국 촌으로 유명한 남부시장까지 모두 걸어서 10~20분 내외 거리로 전주여행을 하기에 너무 좋은 위치다. 아무도 없으면 연락 달라던 주인 언니의 말대로 문 앞에 서서 핸드폰을 만지작거리는데 안경 쓴 남자가 불쑥 나왔다. 최근에 일하게 된 스태프라고 한다. 세모난 지붕에 흰 벽 그리고 그것들을 받쳐주는 두꺼운 나무 기둥, 숙소를 빙 두르고 있는 나무울타리, 문 앞에 붙은 새빨간 우체통, 삐그덕 삐걱 바람 따라 흔들리는 작은 간판, 친절한 스태프의 환영을 받으며 들어간 방은 '한그루'라는 이름만큼이나 예쁜 방이었다. 네모난 붉은 벽돌로 된 마당의 오른쪽으로 난 세 개의 방문은 현관문 쪽부터 한그루, 두그루, 세그루라는 이름의 두 사람 이상이 묵을 수 있는 방이고, 앞쪽 사무실 옆으로 미로처럼 연결된 통로와 좁은 계단을 따라 올라가면 2층에는 도미토리 '네그루'가 마련되어 있다. 한그루에서 세그루까지는 한옥을 현대식으로 리모델링한 방으로 천장을 마감이 아닌 개방형식으로 작업해 시원한 높은 천장과 굵직굵직한 나무의 뼈대들이 하얀 속살 사이로 드러나 낭만적인 분위기를 자아낸다. 네그루 도미토리 방은 이층 침대가 아닌 여유 있는 일층 침대이고, 아기자기한 방안 화분들과 문을 열면 바로보이는 알록달록 색색의 개인 사물함 그리고 공동화장실이 일층에 있는 것을 배려한 간단한 수도시설까지, 안락함으로 꽉 차있었다.

넓은 침대 위를 뒹굴뒹굴거리며 여유로움을 만끽하다 4시가 넘어 한옥마을 구경에 나섰다. 전주 한옥마을 일대를 돌다보니 교동아트센터라는 갤러리가 나왔다. 외관 건물이 앤티크하면서도 갤러리답지 않게 투박한 모습이 눈에 띄어 안쪽으로 들어와 보니 한창 전시 중인 갤러리 한편에 자리 잡은 낡은 재봉틀이 놓여있다. 갤러리에 웬 재봉틀? 알고 보니 이곳은 70년대 BYC 속옷공장이었는데, 지금은 개조해 갤러리가 되었단다. 그 시절 공장의 투박함을 멋스럽게 살려 전시하는 그림만큼이나 건물 자체가 예술

1

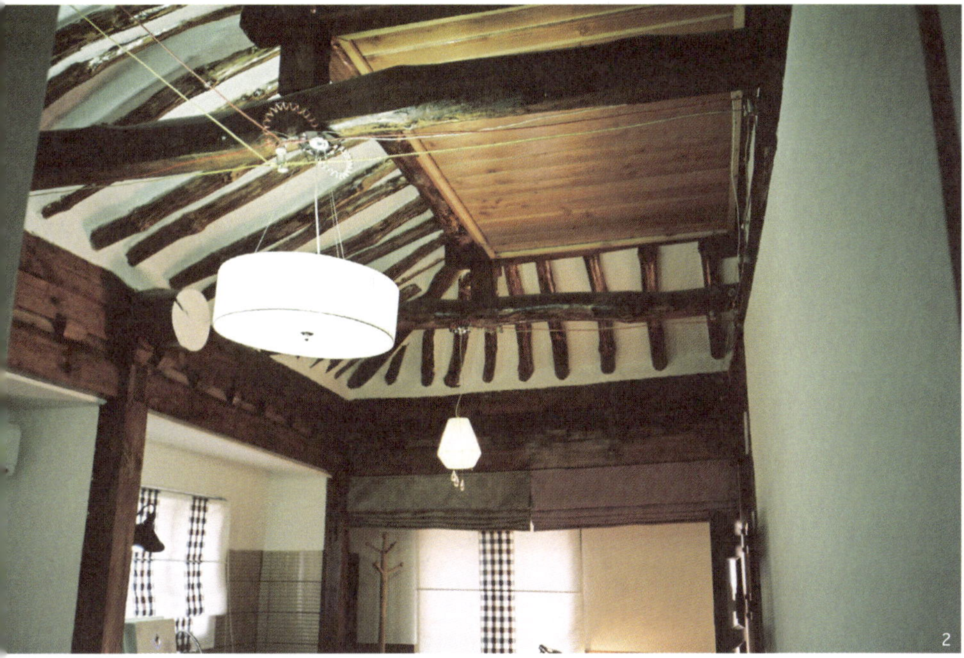

2

1,3 도미토리 룸은 일층 침대가 놓여있어 여유가 있다. 문을 열면 사물함과 세면이 가능한 간단한 수도시설이 갖춰져 있다.
2 개방형 천장으로 리모델링한 한옥 천장이 분위기 있다.
4 한옥을 현대적으로 꾸며놓아 나무그늘의 방은 편안하고 아늑하다.

3 4

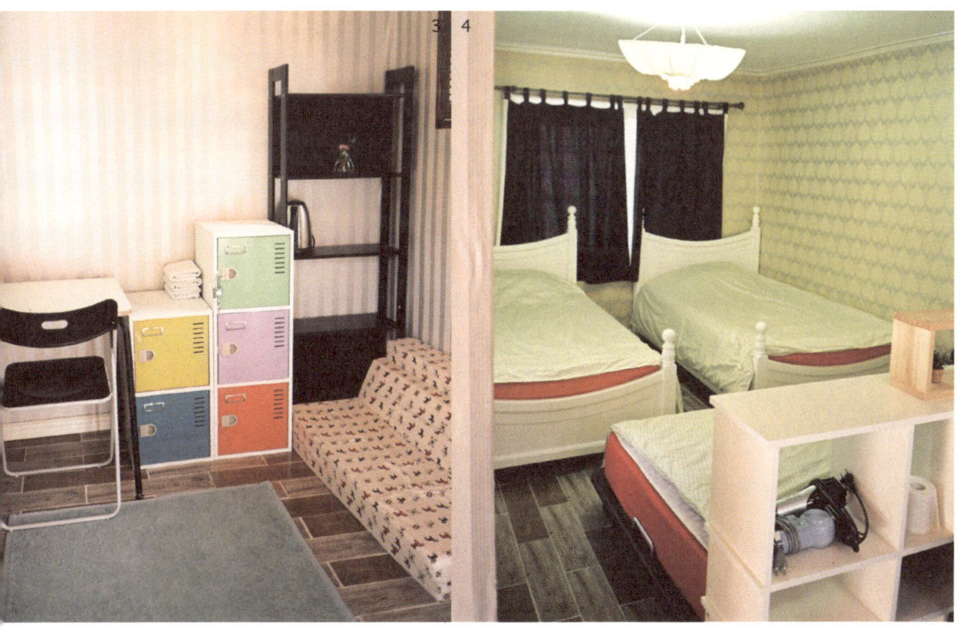

1 태조 이성계의 영정을 봉안한 경기전은 인근 학교에서 견학 온 학생들과 관광객들로 붐빈다.
2 로마네스크 양식의 아름다운 건축물인 전동성당은 영화 '약속'의 촬영지로 쓰이기도 했다.
3 전주 한옥마을에 있는 600년된 은행나무. 이 나무가 있는 길을 '은행나무'길이라 한다.

품 같아 보인다.

교통아트센터에서 몇 걸음 가지 않아 《혼불》의 작가 최명희 문학관이 나온다. 작가가 생전에 쓰던 연습장과 내 키만큼 쌓인 원고지를 전시하고 있다. 한 작품을 만들어 내기 위한 작가의 노력이 고스란히 느껴진다. 그리고 조금 뒤 이곳에 들어오길 참 잘했다고 생각했다. 바로 벽에 붙은 '1년 후 자신에게 편지를 쓰기' 라는 안내문 때문이었다. 최명희 문학관에서는 매일매일 1년 전 쓴 누군가의 편지를 보내 주고 있다. 전시실 바깥마당 한편에 자리한 사무실로 가 우표 값 오백 원을 내고 편지지와 봉투를 받아 문학관 한쪽에 마련된 글쓰기 공간에 앉았다. 옆에서 두 명의 여행자들이 진지한 표정으로 1년 후 자신에게 편지를 쓰고 있다. 나도 펜을 움켜잡았다. 안녕. 1년 후의 희은아. 넌 지금쯤 무엇을 하고 있을까? 자꾸만 묘한 감정이 교차했다. 봉투를 우체통에 살며시 넣고 문학관을 빠져 나왔다.

전주 한옥마을을 거닐며 경기전과 전동성당에 들렀다. 근처 고등학생들이 소풍을 왔는지 흰 블라우스에 무릎까지 오는 검정 치마 교복을 입고 빨간 꽃송이를 주워 귀 옆에 꽂고는 경기전 이곳저곳에서 사진을 찍느라 정신이 없다. 그 모습이 너무 예뻐 사진기에 담는다. 경기전에서 나와 조금 걸으니 운치 있는 카페부터 앙증맞고 아기자기한 카페들이 줄지어 이어진다. 인도 한쪽으론 물이 계속해서 길을 따라 흐르는 얇은 물길도 만들어져 있다. 물길을 따라 가다 보니 한눈에 보기에도 커다란 은행나무가 자리해 있는데 수령이 자그마치 600년인 보호수다. 알고 보니 물줄기가 흐르는 카페 길은 저 은행나무의 이름을 따서 '은행나무'길이란다.

나무그늘 게스트하우스로 돌아가는 길, 바로 옆을 흐르는 전주천으로 향했다. 한참을 징검다리 중심에 앉아서 흘러가는 전주천을 물끄러미 바라보고 있는데 앉아있는 동안 한사람도 지나가지 않을 정도로 이용자가 없다. 사색하고 싶은 여행자에게 꼭 알려주고픈 장소다. 거기다 싸전다리 아래로 펼쳐지는 동네 어르신들의 마작놀이 풍경은 전주에서 가장 이색적이고 인상적인 장면이다.

전주에서 만난 사람들

숙소로 돌아오니 주인 언니가 전주에 와서 꼭 먹어봐야하는 '가맥'을 알려주겠단다. 가맥? 가맥은 '가게에서 파는 맥주'의 줄임말. 바깥엔 분명 편의점 간판인데 막상 들어가면 편의점 기능은 십분의 일도 안 되고 나머지 공간엔 테이블이 여러 개 펼쳐져 편의점에서 산 맥주를 마시는 사람들로 가득 차 있다. 가맥이 유명한 이유는 좁은 편

1 전주에만 있는 가게 맥주를 뜻하는 '가맥'집 중에 가장 유명한 집으로 불리는
초원식당의 '명태연탄구이'.
2 마당을 보며 차를 즐길 수 있는 찻집 '차마당'의 모습. 나무그늘 게스트하우스 근처에 있다.
3,4 전주를 대표하는 음식 중 하나인 '콩나물해장국'은 남부시장에서 맛볼 수 있다.
남부시장에 즐비한 해장국 가게 중에서 '현대옥'은 전주 시민들이 추천하는 최고의 해장국집이다.

의점 공간 때문은 아니었다. 바로 이곳 하이라이트는 명태구이. 주문과 동시에 가게 밖에서 연탄불에 구워주는 명태는 겉은 바싹 속은 약간 쫀쫀해 담백하고 씹을수록 고소함이 느껴진다. 그래서인지 날이 조금 어둑어둑해지면 이 명태구이를 먹기 위해 너도나도 이곳으로 나와 북새통을 이룬단다.

주인 언니와 가맥으로 제일 유명하다는 '초원편의점'에 들어서니, 이미 동네 분들이 와 계셨다. 그 중에서도 전주 제일의 마당발이라 불리는 '차 마당' 사장님이 기억에 남는다. 차 마당은 한옥마을 안에 있는 찻집인데 사장님은 내가 들고 간 필름카메라가 신기했는지 계속 보시더니 "어쩌면, 이 카메라를 통해 바라보는 화각이 전부가 아닐 수도 있어. 카메라를 뗐을 때 더 넓은 화각이 있는 것처럼." 하시는 것이 아닌가. 어쩌면 지금 저 장난기 가득한 사장님의 모습도 전부가 아닐지도 모른다는 생각이 들었다. 차마당 사장님을 따라 주인 언니와 나 그리고 주인 언니와 동갑내기인 빡빡이 머리 오빠까지 우리 넷은 차마당으로 들어섰다. 차마당은 말 그대로 '예쁜 마당이 있는 찻집'이었는데, 오전엔 찻집으로 밤엔 게스트하우스로 쓰인다고 했다. 이곳도 한옥을 개조한 곳으로 바깥으로 뚫린 넓은 창은 마당을 향하고 있었다.

사장님은 곧 물을 데우고 차를 내렸다. 꽤 많은 종류의 꽃들이 사장님의 보살핌 없이 무성하게 자란 것이 매력적인 마당이었다. 차를 내리는 사장님은 프로 다도인의 모습이었다. 녹차를 마시며 말이 없어진 조용한 찻집 안. 사장님이 센스있게 선곡한 올드팝이 울려 퍼진다.

말이 없던 빡빡이 오빠가 전주 음식이야기를 꺼낸다. 얼마 전 세계 유네스코 음식창의도시에 전주가 선정됐다는 이야기. 비빔밥이 전주를 대표하는 관광음식으로 자리매김하면서 가격이 계속 치솟으니 정작 전주를 대표하는 음식을 전주사람들은 사먹을 엄두도 못 내고 있다고. 그러고 보니 그렇겠다. 평범한 식당의 두 배의 값. 그럼 전주 사람들에게 인정받는 전주를 대표하는 음식이 뭐냐 물으니, 그는 단번에 남부시장 콩나물해장국을 이야기한다.

그래서 다음날, 나는 이른 아침 콩나물 해장국을 먹으러 갔다. 남부시장 안에 있는 손바닥 만한 '현대옥'이라는 가게였는데, 삼십 년이나 된 곳이란다. 세 평 남짓 작은 공간에 손님들이 다들 한 사발씩 들고 빼곡히 앉아있다. 주문과 동시에 그 자리에서 밥을 사발에 뜨고 콩나물을 송송 썰어 넣은 시원하고 개운한 육수에 바로바로 직접 다져 넣어주는 칼칼한 마늘, 밑반찬으로 챙겨주는 김과 오징어젓갈 김치 그리고 작은 종지에 담겨 나오는 계란까지. 침이 꼴깍 넘어간다. 밥을 잘 말아 김에 싸서 후룩 한입 가득 넣었다.

그런데 좁은 자리를 비집고 들어오는 손님들의 주문이 특이하다. "엄마, 칼칼하게 하나" "엄마, 안 맵게 밥 많이 하나" 모두 호칭이 엄마. 그리고 국물의 얼큰함과 밥량까지 취향대로 주문 한다. 그럼 일하는 어머니들은 "오케이 밥 많이~." 라며 해장국을 대령한다. 사람도 많아 정신없이 바쁜 와중에 초지일관 웃는 얼굴로 주문을 받는 모습이 인상적이다.

다음날, 나무그늘에서 나오는 길, 주인 언니가 그런 말을 했다. 전주엔 치열함이 없는 대신 편안함이 있다고. 그래서인지 동네 사람들끼리 소박하게 모이는 자리도 많다고. 전주의 그런 매력을 느끼고 갔으면 좋겠다고. 알 것 같았다. 전주 사람들의 소소한 행복. 난 이미 전주 음식, 전주 사람들의 소박한 매력에 빠져있었다.

흰구름 뭉게구름 게스트하우스

독일식 주택으로 3~4인이 묵을 수 있는 온돌방 11개를 갖추고 있다. 도자기체험, 한지공예, 천연염색 등 다양한 체험이 가능하다. 구름카페를 같이 운영하고 있으며 유럽식 인테리어가 인상적이다.

add _ 전주시 완산구 교동 132-4
price _ 3~4인실 평일 6만원, 주말 7만원
meal _ 빵, 잼, 커피, 계란 등 제공
tel _ 063-231-5503
web _ 흰구름뭉게구름.kr

여누 게스트하우스

전주 한옥마을 은행로 골목길 안쪽에 있다. 1940년에 지어진 한옥을 보수하여 게스트하우스를 열었다. 한옥의 온돌방에서 조용히 쉬어가기 원하는 여행자에게 추천. 가족단위 여행자들에게도 안성맞춤인 깔끔하고 멋스러운 숙소.

add _ 전주시 완산구 교동 128-10
price _ 2인실 6만원부터, 3인 8만원부터 다양
meal _ 조식 제공 없음
tel _ 010-3777-5025
web _ yeonu128_10.blog.me

천년마루 게스트하우스

60명까지 수용이 가능할 정도로 규모를 갖춘 곳으로 한옥마을 관문인 남천교 옆에 있다. 전주천이 바로 옆에서 흐르고 있고 한옥마을 둘레길을 산책하기 좋다. 옥상 스카이라운지에서 바비큐도 가능하며 푸짐한 조식을 제공한다.

add _ 전주시 완산구 교동 222-6
price _ 도미토리 2만 3천원부터 2만 5천원,
        단체룸도 갖추고 있다.
meal _ 가정식 백반 제공
tel _ 063-286-2215
web _ www.marumillennium.com

전주 게스트하우스

한옥마을 경기전 후문에 위치한 곳. 1층에 넓은 카페가 있고 외국인 여행자를 위해 통역 등 다양한 서비스를 하고 있으며 3층 라운지에서 한옥마을 전경을 볼 수 있다.

add _ 전주시 완산구 경원동2가 62
price _ 도미토리 1만 7천원부터
meal _ 토스트 제공
tel _ 063-286-8886
web _ cafe.daum.net/chonjukorea

일하면서 게스트하우스 운영하기

긴 생머리에 웃는 모습이 호탕한 누가 봐도 털털한 그녀. 나무그늘 근처 건축회사를 다니며 게스트하우스를 함께 운영 중이다. 한 달에 한번은 꼭 어디로든 떠나야하는 진정한 여행 마니아. 그래서 때론 여행간 주인 없는 집에 접선하듯 전화통화만 하며 묵어간 여행자도 있다. 그녀는 스물 아홉에서 서른 초반으로 넘어가는 질풍노도 시기에 다 허물어져 가는 한옥을 마련했다.

그녀가 처음 이 집을 살 당시만 해도 주변 사람들은 그런 귀신 나올 것 같은 집을 사서 대체 무슨 게스트하우스를 하냐며 만류했지만 그녀의 고집을 꺾을 사람은 아무도 없었다. 막상 내부공사를 진행하면서 생각지 못한 시행착오를 겪으며 처음엔 스트레스도 이만저만 아니었다고.

이곳 나무그늘의 모든 것은 '내가 묵는다면?' 이라는 생각 하에 만들었다. 나무그늘 4인실의 요금을 개인당 분할했을 때 가격이 합당한지부터 관계가 불분명한 혼숙은 받지 않는 등 호스트 나름의 원칙이 존재한다.

그녀는 이곳이 가족들과 홀로 여행 온 여성들을 위한, 오로지 여행자만의 숙소가 되길 바란다. 최근엔 나무그늘 가까이에 '여누'라는 게스트하우스를 오픈했다. 나무그늘을 오픈하면서 전통 한옥에 대한 아쉬움을 갖고 있었는데, 얼마 전 맘에 쏙 드는 전통 한옥 집을 발견하고 여누 게스트하우스를 열었다고. 나무그늘이 가족단위의 공간이라면 여누는 혼자 와서 조용히 쉬다가는 공간으로 적합하다. 이곳 나무그늘은 성수기, 비수기, 주말, 평일 모두 가격이 동일하다. 왜 동일한 금액을 고집하냐 묻자 그녀가 입을 연다.

"내 새끼 평일에 본다고 덜 이쁘고, 주말에 본다고 더 이쁜 건 아니니까요. 하하."

처음 허름한 집의 모습부터 지금의 모습을 갖기까지 직접 꾸미고 갈고 닦은 흔적들의 공간. 그래서 나무그늘은 그녀에게 자식 같은 존재랄까. 자기 자식이 다른 이에게도 사랑받길 바라는 엄마의 남다른 애정이 느껴진다. 그녀의 맘이 다치지 않게 나무그늘을 예뻐해 줄 수 있는 좋은 손님들만 이곳에 가득하길 빈다.

남천교

교동 한옥마을과 서학동을 잇는 전주천 상류의 무지개형 다리로, 다리 중앙부에
팔각지붕 형태의 정자가 올려진 것이 특징이다. 정자의 기둥은 모두 국내산 육송
을 사용해 전통기법으로 만들어졌다. 1957년 전주천 상류에 콘크리트로 만들어진
구남천교를 1996년 한옥마을로 연결되는 특성을 고려해 새롭게 지어 지금의 모습
을 가지게 되었다. 남천교에서 바라보는 전주천의 모습이 한없이 평화롭다.

add _ 전주시 완산구 동서학동

600년 은행나무

600년의 세월을 자랑하는 은행나무는 둘레만 4.8m에 달한다. 고려 우왕9년(서기
1393년)에 월당 최담선생이 이곳에 거처를 만들고 은행나무를 심은 것이 600년
나이에도 나무 밑둥에 새끼나무가 자라는 길조가 나타나, 자식이 없는 사람들과
나무의 정기를 받으려는 시민들이 찾는 명소. 나무 아래에서 심호흡을 5번 하면
그 정기를 받게 된다는 속설이 있다.

전동성당

우리나라에서 가장 아름다운 성당 중 하나. 로마네스크 양식의 웅장함을 보여주는
전동성당은 호남지역의 서양식 근대 건축물로는 가장 오래된 것으로 사적 제288
호이다. 중국 벽돌 제조 기술자를 직접 데려 오는 등 많은 노력을 기울인 끝에 공
사 시작 7년 만인 1914년에 완성되었다. 영화 '약속'에서 남녀 주인공이 텅 빈 성당
에서 슬픈 결혼식을 올리는 장면을 촬영한 곳이다. 성당 내부의 둥근 천장과 스테
인드글라스가 아름다우며 화강암 기단 위에 붉은 벽돌에서 웅장함이 느껴진다.

add _ 전주시 완산구 전동 200-1 | **web** _ www.jeondong.or.kr

경기전

전주 한옥마을 입구에 있으며 한옥마을을 찾은 여행객이 가장 먼저 들르는 곳이다. 조선을 건국한 태조 이성계의 영정을 봉안한 곳으로 태종 10년인 1410년 창건되었으며, 원래의 규모는 훨씬 컸으나 일제시대에 일본인 소학교를 세우면서 절반정도가 잘려 나갔다고 한다. 남아 있는 경기전 건물의 모습은 홍살문을 지나 외삼문과 내삼문을 연결하는 간결한 구조지만, 안정된 구조와 부재의 조형 비례로 건축적 품위가 돋보인다.

add _ 전주시 완산구 풍남동 3가 102 | **tel** _ 063-232-6293

교동아트센터

1960년 건축된 BYC 속옷 공장으로, 2007년 4월 공장을 리모델링해 갤러리로 개관했다. 공장의 일부를 원형 그대로 유지하면서 내부를 전시관으로 리모델링해 옛것과 현재가 공존하는 독특한 느낌이 난다. 건물 자체가 하나의 예술품처럼 느껴진다.

add _ 전주시 완산구 풍남동3가 67-9 | **tel** _ 063-287-1244
web _ www.gdart.co.kr | **Open** _ 개관 시간 10시~18시

남부시장

한옥마을에서 도보로 10분 거리에 있는 전주의 대표적 전통시장. 북적거리는 먹자골목이 있다. 오후 4시가 되면 젊은 주부들이 저녁 찬거리를 준비하기 위해 아이 손을 잡고 온다. 제철 과일을 파는 청과물상과 기름집, 생선가게와 곡류를 판매하는 가게도 있다. 대형마트 못지않은 위생적인 생선가게를 보면 조금씩 변화하는 재래시장 문화도 느낄 수 있다. 특히 먹자골목의 순댓국밥집과 콩나물국밥집은 전주 최고의 맛을 자랑하는 주역이다. 정겨운 장터의 맛을 그대로 고수하여 젊은 신세대의 입맛까지 사로잡고 있다.

add _ 전주시 완산구 전동 295 | **tel** _ 063-284-1344
web _ 전주문화관광 tour.jeonju.go.kr

현대옥(본점)

전주 남부시장에 자리한 최고의 콩나물국밥집. 30년 세월의 맛을 자랑하는 현대옥은 성인남자 5명이 서면 꽉 찰 정도로 작은 공간이지만, 전국에 체인점바람이 불고 있는 해장국집이다. 개운하고 담백한 콩나물육수에 바로바로 찢어주는 마늘의 칼칼한 맛은 콩나물해장국이란 음식을 다시 한 번 생각하게 만든다. 좁은 공간에서 빽빽이 앉아 먹는 모습이 시장에서만 누릴 수 있는 또 다른 매력이다. 콩나물은 리필 가능하고 국밥 국물과 김을 넣어 마시는 수란을 제공한다.

add _ 전주시 완산구 전동3가 2-242 | **tel** _ 063-282-7214
price _ 콩나물국밥 5천원, 오징어 2천원

최명희 문학관

전주를 누구보다 사랑한 작가 '혼불'의 최명희를 그리는 문학관. 녹록치 않았던 작가의 삶과 그 흔적이 담겨 있는 곳이다. 작가의 원고와 지인들에게 보낸 엽서, 편지들을 비롯해 생전의 인터뷰 강연들을 만날 수 있고, 오고가는 사람들이 원고지를 한 페이지씩 채워 스토리를 이어나가는 릴레이 글쓰기와 일년 후 자신에게 편지를 쓸 수 있는 프로그램이 있다.

add _ 전주시 완산구 풍남동3가 67-5 | **tel** _ 063-284-0570
web _ www.jjhee.com

영화의 거리

전주시에서 지정한 영화의 거리로, 극장들이 모여있다. 4월이 되면 화려한 영화축제인 전주국제영화제가 펼쳐지는 곳이다. 영화거리 안에 위치한 '전주영화제작소' 4층에서 마련된 개인 열람공간에서는 일반 영화관에서 상영하지 않는 독립영화 DVD를 무료로 빌려 볼 수 있다.

add _ 전주영화제작소 전주시 완산구 고사동 431-1 | **tel** _ 063-282-1400
web _ www.cineplex.or.kr | **open** _ 9시부터 7시까지(평일)

전주비빔밥

전주 대표음식 '비빔밥'. 전통적으로 내려오는 전주비빔밥의 방법은 양지머리로 우려낸 육수에 밥을 고슬고슬 지어 30여 가지의 재료들을 넣고 만들어내는 것이라고 한다. 국내에선 최초, 세계적으로도 네 번째에 속하는 유네스코가 지정한 '음식창의도시'에 전주가 선정될 만큼 맛에 대한 철학과 역사에 조예가 깊은 도시 전주. 음식을 빼놓고 전주를 이야기할 수는 없다.

한국집(전주에서 가장 오래된 비빔밥 집)
add _ 전주시 완산구 전동 2-1 | **tel** _ 063-282-2224
price _ 육회비빔밥 12,000원 놋그릇 11,000원

가족회관
add _ 전주시 완산구 중앙동 3가 80번지 | **tel.** _ 063-284-0982
price _ 전주비빔밥 12,000원

한국관
add _ 전주시 덕진구 금암1동 712-3 | **tel** _ 063-272-9229
price _ 전통육회비빔밥 12,000원 놋그릇비빔밥 11,000원

교동다원

전주에 있는 찻집으로 도인 같은 기운을 뿜는 부부가 운영한다. 차 맛도 일품이지만 드라마 '시크릿가든'에서 꽃술 병을 받게 된 산 속 '신비가든'과 비슷한 느낌의 신비스런 기운이 가득한 곳이다. 차를 마시면 우리밀 과자를 제공한다.

add _ 전주시 완산구 교동 64-7 | **tel** _ 063-282-7133 | **price** _ 가격 5천원대

차마당

거칠면서도 깊이 있는 입담의 유쾌한 주인 아저씨가 운영하는 찻집. 한없이 웃다가도 아저씨의 차를 내리는 모습에서 진지함이 느껴진다. 사람 손길 못 받은 무성한 꽃 마당이 이곳과 더없이 잘 어울린다. 일등급 녹차를 마시며 여유를 느껴보자.

add _ 전주시 완산구 교동 129-5 | **tel** _ 063-283-6891

초원편의점

전주에서만 경험할 수 있는 '가맥'집으로 유명한 곳. '가맥'이란 가게에서 마시는 맥주라는 뜻으로 외부 간판은 분명 편의점인데, 내부로 들어가면 편의점의 기능은 조촐하고 여기저기 놓인 테이블에 둘러앉은 사람들을 볼 수 있다. 이곳을 찾는 이유는 연탄불에 구운 황태 때문인데, 겉은 바싹 속은 쫀득한 황태를 찢어 간장과 청양고추 마요네즈를 섞은 독특한 소스에 찍어먹는 맛에 감탄사가 절로 나온다.

add _ 전주시 완산구 전동 114-1 | **tel** _ 063-287-1763

남도 게스트하우스

나른한 오후 쉬어가는
삼촌네 집

Writer's Comments

광주에 처음 생긴 게스트하우스. 모든 것을 여행자의 입장에서 생각하는 털털한 삼촌 같은 주인이 운영하는 곳으로 조식 시간과 체크인 체크아웃 시간이 따로 없다. 하지만 개념여행자로서의 최소한의 예의를 지키며 다른 이용자에게 피해를 주지 않게 머물도록 하자! 광주시 서구 상무동에 위치한 빌라의 4층에 있고 6인실과 4인실이 각각 하나씩 있다. 방이 부족하면 주인장이 방을 내주기도 한다고. 소박하지만 편안한 느낌의 공간. 맛집 마니아인 주인장에게 말만 잘하면 광주 맛집에 관한 고급 정보를 수북이 얻을 수 있다. 게스트들과 친해지기 쉬운 친근한 분위기로 장기투숙객도 꽤 있다. 참, 광주를 여행할 때는 지하철역에서 무료로 빌려주는 자전거를 활용하자!

1,2 입구에 들어서면 깨끗한 실내화가 줄지어있다. 그 오른쪽 벽에는 여행자들이 붙여놓은 포스트잇이 물결을 이룬다.
3 큰 창 아래로 편안한 소파들이 놓인 거실 공간.
4,6 도미토리 6인실 방안과 그 안쪽으로 자리한 화장실과 샤워실. 거실에도 화장실이 하나 더 있어 넉넉하다.
5 간단한 조리가 가능하며 조식을 직접 만들어 먹을 수 있는 부엌.

GUESTHOUSE INFO

add _ 광주시 서구 내방동 839-18 3층
price _ 도미토리 2만원
in & out time _ 없음
meal _ 식빵, 달걀, 잼, 커피, 녹차 제공
tel _ 010-6476-3255
web _ blog.naver.com/dewpark
www.namdohostel.com

삼촌 집에 놀러온 것 같은 편안함

남도 게스트하우스는 광주에 있는 거의 유일한 여행자숙소다. 광주터미널에서 나와 빠르게 걸으면 20분 정도, 택시를 타면 기본 요금 거리에 있다. 쌍촌동 성당과 서광초등학교에서 가까운 한 빌라의 4층을 게스트하우스로 만들었다. 가기 전 가정집 느낌의 포근한 숙소에 삼촌 같은 푸근한 사장님이 운영하는 곳이라고 들었다. 게다가 광주는 담양 죽녹원, 보성 녹차밭, 정읍의 내장사까지 한 시간이면 닿을 수 있어 이곳에 머물면서 이곳저곳을 여행할 수 있다.

트렁크를 가지고 편안한 마음으로 빌라 입구에 들어섰다가 앗! 눈앞에 펼쳐진 계단을 보고 멍하니 서 있었다. 남도 게스트하우스 표지판 아래 작은 404호 글씨가 이상하게 크게 보였다. 한 계단 한 계단 겨우 올라 4층에 도착했다. 벨을 눌렀더니 민트 색 바지를 입고 웃는 얼굴이 귀여운 한 남자가 문을 열어준다. 홍콩에서 왔다면서 화장실, 여기는 거실, 마치 스태프라도 되는 듯 이곳저곳을 설명해 준다.

그를 따라 들어간 숙소는 햇살 잘 드는 넓은 거실에 편안하게 보이는 소파가 한쪽에 있고, 그 앞으론 핑크색 포인트 벽지가 붙여져 있다. 아늑한 느낌이다. 왼쪽 주방엔 남자 혼자 만든 것이 역력해 보이는 투박하게 꾸며진 관광안내도 그리고 주방과 거실로 이어지는 통로에는 다녀간 여행자들이 붙여놓은 포스트잇의 물결이 보였다. 대부분이 주인아저씨를 향한 팬레터들이었다. 방은 모두 3개인데 하나는 주인아저씨 방, 나머지 두 개가 게스트 방이다. 두 방은 6인실과 4인실로 나누어져 있었다.

트렁크를 들고 올라와 정신이 혼미한 데다 홍콩남이 엄청 빠른 속도로 영어를 해대는 통에 현기증이 났다. 목이 말라 물을 벌컥벌컥 마시는데 문 여는 소리와 함께 주인아저씨가 들어왔다.

"어이구, 그걸 들고 올라오셨어요? 연락을 하지. 나 일층에 있었는데!"

알고 보니 일층에도 방이 하나 더 있다고 한다. 까무잡잡한 피부에 동그란 얼굴, 굵은 장딴지를 소유한 동네 아저씨 같은 푸근한 인상. 그리고 모든 질문에 초지일관 느긋한 어투로 대답했다. 30대 중후반이려니 짐작했는데 나중에 물어보니 내가 짐작하는 나이에서 열 살은 더 보태야 자기 나이가 나온단다. 참 결혼을 안했으니 아저씨도 아니다.

이것저것 이야기를 나누다보니 어느새 1시. "배 안 고파요?" 아침에 무등산에 갔다 돌아오는 게스트들과 점심을 먹으러 갈 건데 같이 가자고 했다. 이곳 남도 게스트하우스는 미식가 사장님 덕에 운 좋으면 사장님 차를 타고 대중교통으로는 찾아가기 힘든 맛집에 갈 수 있다. 그것도 여행자는 알 수 없는 현지인 사이에서 유명한 굵직굵직한 맛집! 사장님을 따라 간 맛집에서 훌륭한 7천 원짜리 게장 정식을 맛보고 남도의 맛에 홀딱 빠져

들었다.

　　점심을 먹은 후 게스트하우스에서 만난 울산에서 온 스물 한 살 대학생 호진이와 함께 버스를 타고 죽녹원에 갔다. 담양에 있는 죽녹원은 16만㎡의 광대한 규모의 대나무 정원. 호진이와 이야기를 하다 보니 오십분이 훌쩍 지나 금세 죽녹원에 도착했다. 사장님이 죽녹원에 가면 꼭 봐야할 것들을 솜씨 좋게 그려준 지도를 쥐고 버스에서 내렸다. 죽녹원에 들어서자 가느다란 대나무들이 길을 따라 양옆으로 곧게 뻗어 있다. 정원이라더니 꽤 가팔랐다. 죽녹원은 운수대통 길, 샛길, 사랑이 변치 않는 길, 죽마고우 길, 추억의 샛길, 성인산 오름길, 철학자의 길, 선비의 길로 총 8개의 길로 이루어져있다. 안쪽으로 들어가면 1박 2일 촬영지인 한옥 체험장과 공원이 나온다. 죽녹원 안쪽으로 들어갈수록 빽빽하게 심어진 대나무 그늘 덕에 꽤 시원했다.

　　"호진아, 여행이 뭐라고 생각해? 한마디로 말해봐."

　　"한마디로요?" 호진이는 숙제라도 받은 듯 쩔쩔 맨다.

　　죽녹원을 구경하고 나와 바로 옆에 있다는 메타세콰이어 길로 향했다. 입구로 나와 담양천 옆으로 펼쳐진 메타세콰이어 길을 걸었다. 피톤치드로 가득한 숲길이 맘에 들었다. 강을 건너 담양의 명물 국수 거리로 향했다. 강줄기를 따라 형성된 국수 거리는 가게 앞에 대나무를 엮어 만든 마루 위에 밥상을 차려준다. 꽤 걸어 덥고 지친 몸을 이끌고 마루 위에 올라앉으니 시원하다. 바로 삶아 낸 탱탱한 면발에 담백한 멸치육수, 그 위로 송송 썬 파와 계란, 짭짤한 김이 올라간 국물 국수 하나와, 침이 절로 꼴까닥 넘어가는 윤기가 짜르르 흐르는 매콤한 양념에 시원한 열무김치가 올려진 비빔국수 한 그릇이 나왔다. 평상에서 먹는 시원한 국수 한 젓가락에 마음까지 개운해진다.

밤에 걷는 메타세콰이어 길

　　숙소로 돌아가는 버스를 타기위해 버스정류장으로 향하는 데 이상하게 무언가 두고 가는 것처럼 찜찜한 기분이 들었다. "호진아 잠깐만." 주머니 속 사장님이 꼭 가봐야 한다고 적어준 쪽지를 꺼냈다.

　　"아! 김순옥 도너츠!"

　　둘 다 국수로 배가 두둑해지니 잊고 있었다. 그렇다고 담양에 가면 무조건 먹어야한다는 김순옥 도너츠를 건너뛰고 갈 순 없었다. 사장님이 그려준 지도를 보고 찾아가는데 아무리 걸어도 김순옥 도너츠를 찾을 수가 없다. 거우거우 가게 앞에 도착하니 벌써 문이 닫혔다. 이럴 수가. 그도 그럴 것이 9시가 훌쩍 넘어있었으니 말이다. 그때 갑자기 어

1

1 관방제림에서 메타세쿼이어 길로 가는 풍경.
2 무등산 곳곳에 핀 탐스러운 꽃들.
3,4,5 죽림욕을 즐길 수 있는 대나무 숲 죽녹원. 바람 따라 서로 부딪히며 사각거리는
댓잎들과 시원한 대숲 향기로 죽녹원을 돌고 나면 머리가 맑아지는 기분이 든다.

둠 속에서 한 여성이 우리에게 말을 걸었다.

"도너츠 사러오셨어요? 오늘 장사하고 남은 것 있으니 드릴게요." 그녀는 손에 든 보온 통에서 동글동글한 도너츠를 종류별로 꺼내 담았다. "김순옥 사장님이세요?" 내가 눈을 크게 뜨고 물으니 고개를 저으며 딸이란다. 그렇구나. 그녀는 어차피 남은 것이니 돈을 받지 않겠단다. 우리는 유치원생처럼 신이 났다.

도너츠를 하나씩 손에 쥐고 왔던 길을 돌아가려는 순간 "누나~!" 호진이가 불렀다. 아니 이게 웬일인가. '메타세콰이어 길' 이라는 큰 표지판이 위엄있게 자리하고 있었다.

영화에 등장하는 동화 같은 메타세콰이어 길을 밤에 보다니. 실망이 밀려왔다.

"근데 밤에 보니깐 더 예쁜 것 같지 않아요?"

그의 시선을 따라 앞을 보니 끝없이 펼쳐진 나무가 쭉쭉 솟아올라 그 속에 빠져들 것만 같다. 양쪽의 나무들이 마치 우리를 위해 동굴을 만들어주는 기분이었다. 손에 쥔 도너츠는 아직 따뜻했다. 오른쪽 국도로 차가 한대 한대 지나갈 때마다 나무그림자가 차 조명 방향을 따라 회전했다. 우린 어둠 속에서 메타세콰이어 길을 걸었다.

김순옥 도너츠가 아니었으면 지금까지도 메타세콰이어 길을 착각하고 있었을 것이다. 나중에 알고 보니 처음 본 길은 200~300년된 나무들이 늘어선 '관방제림'이라는 길로 메타세콰이어 길만큼이나 유명했다.

메타세콰이어 길을 빠져나와 국도와 옆으로 계속 이어지는 논밭 사이 길을 걸었다.

"누나, 여행은 현 위치같아요."

"현 위치?"

"자신의 현 위치를 알아야 가려는 방향으로 더 정확히 갈 수 있을 테니까요."

국도로 지나가는 차가 우리를 비추며 연이어 지나갔다. 고개를 들자 우리 머리 위로 검은 하늘에 하얀 별들이 총총 박혀 있었다. 별들이 우수수 떨어질 것만 같았다.

다음날 광주를 떠나는 길, 호진이의 말이 자꾸 아른거렸다. 여행은 현 위치라는 말. 그는 지금쯤 현 위치를 찾았을까? 이 여행이 끝나고 나면 나 역시 내 위치를 찾을 수 있을까? 지금 생각해도 그날은 운이 참 좋았다. 문 닫은 줄만 알았던 도너츠 가게에서 공짜로 도너츠도 얻고, 그 덕에 메타세콰이어 길도 볼 수 있었다.

하지만 그날 내가 운이 가장 좋았다고 생각하는 것은 호진이를 만난 것. 만약 혼자였다면 밤에 그곳에 갔을 턱이 없었다. 난 운이 참 좋았다. 그리고 그날 밤, 남도 게스트하우스의 게스트들은 운 좋게 우리가 가져간 도너츠로 배를 채울 수 있었다. 우린 그날 운이 좋았다.

한없이 자유로운 공간을 만들고 싶어요

그는 서울에서 10년 넘게 무역 일을 했다. 자신과 잘 맞지 않는다는 건 진작 알았지만 크게 불만은 없었다. 매일 아침 출근길 서울 사람들은 오로지 앞만 보며 걸었다. 어느 순간 이런 삶에 대한 회의가 들었다. 그리고 그는 사표를 내밀었다. 게스트하우스를 준비하는 동안 대여섯 달을 백수로 지냈지만 무척 행복했다고 한다.

"처음엔 서울을 떠나면 죽는 줄 알았어요." 그의 말에 미세한 흥분이 섞여 나온다. 많은 생각 끝에 광역도시지만 서울처럼 복잡하지 않은 광주를 선택했다. 그리고 아무 연고 없는 이곳에 남도 게스트하우스를 열게 됐다.

여행자들이 할머니나 삼촌 집에 온 것 같았으면 좋겠다는 아저씨의 말대로 이곳 광주 남도 게스트하우스는 '자유' 그 자체다. 그는 모든 룰을 자유에 맡긴다. 조식시간도 자유! 심지어 게스트하우스의 필수 조건인 체크인과 체크아웃 시간도 자유다. 이렇게 모든 것을 자유에 맡기는데도 대부분의 여행자들이 신기하게 제 시간에 모든 것을 끝낸다. 남도 게스트하우스는 모든 것을 여행자의 양심에 맡긴다. 어쩌면 여행자를 믿는 마음이 그 어떤 룰보다 강한 룰인지도 모르겠다. 하지만 사장님 입장에선 나가는 시간도 제각각, 청소도 제각각 해야 하니 신경 쓸 것이 더 많을 게 분명하다.

힘들지 않냐고 물으니 그는 특유의 매우 느리고 인자한 표정으로 말했다. "내가 뭐 좀 수고하면 되니까." 그 말이 내가 머무는 동안 사장님의 입에서 가장 많이 나온 말이다. 도착한 날도 방이 부족해 사장님을 거실로 몰아내고 내가 사장님의 자리를 쓰게 됐는데, 그때도 "제가 뭐 좀 불편하면 되니까." 라며 상황을 간단하게 정리한다.

그날 밤, 캐나다 여행자들이 사정상 새벽 2시에 체크인해야 할 것 같다고 연락이 왔는데 사장님은 그때도 "괜찮아요. 좀 덜자면 되니깐." 하신다. 이 사람 대체 뭐지! 누구와도 절대 싸울 일이 없을 것 같다. 이런 사람이 치열하게 서울에서 일을 했으니 그 스트레스는 당연했겠다.

여행자들이 모두 외출한 나른한 오후. 소파에 편히 앉아 텔레비전을 보다 깜빡 잠들었다 깼을 때의 쾌감. 낮잠을 잔다는 건 서울에선 상상조차 할 수 없는 일이었다. 우리가 앉은 소파 뒤 큰 창문으로 바람이 솔솔 들어왔다. 투박하면서도 편안하고, 자유로운 느낌. 그러고 보니 숙소가 그를 많이 닮았다.

심리학을 사랑하는 호진이의 여행

그를 처음 본건 사장님과 맛집으로 떠나는 차 안에서였다. 난 사장님이 일러준 대로 밥을 먹고 죽녹원에 갈 예정이었고, 그 역시 죽녹원에 갈 거라고 했다. 밥을 먹고 나와 광주터미널에서 죽녹원으로 향하는 311번 버스에 우린 나란히 앉았다.

그는 울산에서 온 스물 한 살 정호진이라고 했다. 구릿빛 피부에 긴 팔다리를 가진 호진이는 울산대 전기과를 휴학하고 카페에서 아르바이트를 하며 모은 돈으로 여행을 왔다고 했다. 그의 여행은 정해놓은 일정이나 기한 없이 그저 돈이 다 떨어질 때까지, 라는 계획뿐이었다.

곧 군대에 가겠네? 했더니 간이 좋지 않은 엄마에게 간 이식을 했다고 한다. 누나가 셋이나 있지만 여자인 누나들의 몸에 상처를 남기게 하고 싶지 않았고 수술 후 재활만 일 년이 넘게 걸렸다고 했다.

호진이는 학교를 그만둘까 고민하고 있었다. 책을 좋아해 언제부턴가 심리 치료에 관심을 갖고 심리학에 관한 책들을 닥치는 대로 읽고 있다고 했다. 심리학이 너무 재미있고 무엇보다 심리적으로 불안한 사람들을 치료할 수 있다는 것에 매력을 느낀다고 했다.

여행을 마치고 얼마 후, 호진이에게 메일 한통이 왔다. '누나! 그냥 등산하러갔다가 산삼 캔 느낌이예요!' 글쎄 호진이에게 많은 영향을 주었던 심리학책을 쓴 작가를 여행 중 한 게스트하우스에서 우연히 만났다는 것이다. 무작정 시작한 여행은 귀한 인연들을 그의 앞에 하나둘 내어 놓고 있었다.

Other guesthouse

게스트하우스 415-25

1층에 주인 가족이 살고 2층을 게스트하우스로 꾸몄다. 광주역과 터미널에서 가깝고 방이 2개 뿐이라 예약은 필수. 깔끔한 침구와 욕실을 갖추고 있으며 친척집에 놀러온 것 같은 기분을 느낄 수 있다.

add _ 광주시 북구 운암동 415-25
price _ 1인 2만 5천원
meal _ 빵, 계란, 커피 제공
tel _ 010-3938-0417
web _ blog.naver.com/leegukhwa

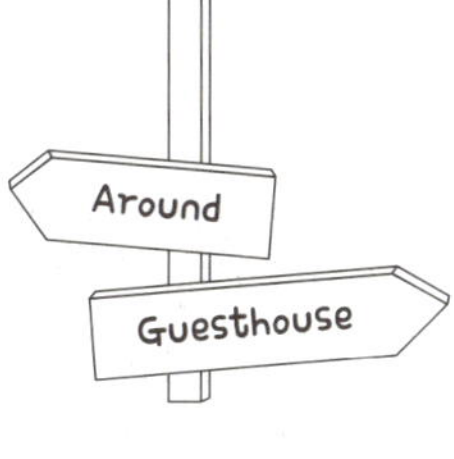

의재미술관

의재 허백련 선생을 기념하는 미술관으로, 무등산 서쪽 기슭 증심사로 오르는 등산로 입구에 자리해 있다. 허백련 화백의 미공개작 60여 점을 비롯해 각종 유품도 전시 되어있다. 무등산 등산로의 지형적 요건을 그대로 살려 한 폭의 그림처럼 자리한 현대식 건물은 '2001년 한국건축문화대상'을 수상하기도 했다.

add _ 광주시 동구 운림동 81-1번지 | **tel** _ 062-222-3040
web _ www.ujam.org | **open** _ 오전 10시~오후 6시(월요일 휴무)

관방제림

담양에 위치한 관방제림은 푸조나무, 팽나무, 개서어나무 등 200~300여 년 된 나무들로 이루어져 있다. 길을 걸으면 시야엔 온통 굵직굵직한 나무들로 가득해 자연 속에 있는 것 같은 편안한 느낌을 준다. 1854년(철종 5) 부사 황종림이 연인원 3만여 명을 동원하여 만들었기에 관방제라 이름 지어졌고, 현재 천연기념물로 지정된 구역 내에는 185그루가 심어져 있다.

add _ 전남 담양군 담양읍 객사리 남산리 일원

무등산

무등산은 등급을 매길 수 없는 산이라 불릴 정도로 광주 시민 뿐 아니라 전국적으로 사랑받는 산이다. 무등산은 산세가 가파르지 않아 휴일이면 많은 사람들이 몰려든다. 아름다운 등산로가 15개 정도 있고 곳곳에 표시가 매우 잘 되어 있다. 무등산 정상은 군부대 주둔관계로 일반인에게 공개하지 않지만 광주시민들과 환경단체의 노력으로 비정기적으로 공개한다.

add _ 무등산도립공원 광주시 동구 지산동 | **tel** _ 062-365-1187
web _ mudeungsan.gwangju.go.kr

메타세쿼이어 길

영화나 드라마에 아름다운 풍경으로 등장하는 단골 장소 담양 '메타세쿼이어 길'. 하늘로 쭉쭉 끝을 모르고 뻗어나가는 웅장한 나무가 이국적이면서도 동화 속 한 장면처럼 환상적인 풍경을 만들어 낸다. 관광객들의 발길이 무성한 낮보다 사람의 발길이 드문 이른 아침이나 늦은 저녁시간이 더욱 근사하니 참고하도록 하자.

add _ 전라남도 담양군 담양읍 학동리 578-4 | **tel** _ 061-380-3154
web _ 담양문화관광 tour.damyang.go.kr

담양죽녹원

2003년 5월 조성된 대나무숲. 죽림욕을 즐길 수 있는 4.2km의 산책로는 운수대 통길, 죽마고우길, 철학자의 길 등 8가지의 길로 구성되어 있다. 바람이 불면 울창한 대나무의 댓잎들이 서로 부딪히며 사각거린다. 시원한 대숲향기를 느끼며 죽녹원을 돌고나면 머리가 맑아지는 기분이 든다.

add _ 전라남도 담양군 담양읍 향교리 산37-6 | **tel** _ 061-380-2680
web _ juknokwon.go.kr | **open** _ 평일 09:00~19:00(휴무없음)

담양국수거리

죽녹원을 내려오면 영산강 물줄기를 따라 국수거리가 있다. 50여 년 전 처음 국수집이 생겼고 그 주변으로 국수가게들이 생겨나면서 국수거리가 형성되었다. 저렴한 금액에 맛있는 국수를 먹으며 쉬어갈 수 있다. 강줄기를 따라 자리한 대나무로 만든 평상에 앉아 바로 삶아주는 탱탱한 국수의 맛은 일품! 굳이 원조를 찾을 것 없이 거리에 있는 가게들의 국수 맛은 전부 좋다.

add _ 국수거리 | **price** _ 3천원~4천 원대

김순옥 도너츠

담양 메타세쿼이어 길 바로 옆에 위치한 곳. 메타세쿼이어 길만큼이나 유명세가
대단하다. 물론 맛도 대단. 쫀득쫀득한 찹쌀로 구워낸 도너츠로 대잎 가루를 넣어
만든 설탕을 사용한다.

add _ 전라남도 담양군 담양읍 백동리 273-5 | **tel** _ 061-381-0352
price _ 도너츠 10개 5천원, 22개 1만원, 깨찰 12개 5천원, 6+6개(반반) 5천원, 13개+13개 1만원

광주 콩물

광주 남도 게스트하우스 인근에 위치한 콩국수집이다. 콩국수 위는 방울토마토나
오이 하다못해 계란 반쪽도 없다. 그저 면발에 콩국물만 넣은 국수 한사발이 오직
맛으로 승부하겠다는 첫인상을 준다. 국물은 조금 과장해서 삼켜지지 않을 정도로
진하다. 검은콩으로 만든 검정 콩물과 노란콩으로 만든 노란 콩물이 있는데, 개인
적으로 검은 콩물을 추천한다. 게스트하우스를 찾는 외국인 여행자들에게 이집을
소개하면 전부 반해버린다고.

add _ 광주시 서구 쌍촌동 1339-1 | **tel** _ 062-384-2852

광주맛집 _ 동곡식당-꽃게정식

광주에서 꽃게장 백반정식으로 유명한 맛집. 간장게장과 양념게장 밑반찬이 스무
가지가 넘게 제공되는 푸짐하면서도 맛있는 집. 딱 전라도 맛이 느껴지는 진한 맛
의 한상이다. 게장과 밑반찬은 계속 리필되며 시원하면서도 야들야들한 게장이정
말 맛있다.

add _ 광주시 광산구 하산동 481-4 | **tel** _ 062-943-5005 | **price** _ 게장 정식 7천원

케이프 게스트하우스

땅끝마을에 하나뿐인 여행자 숙소

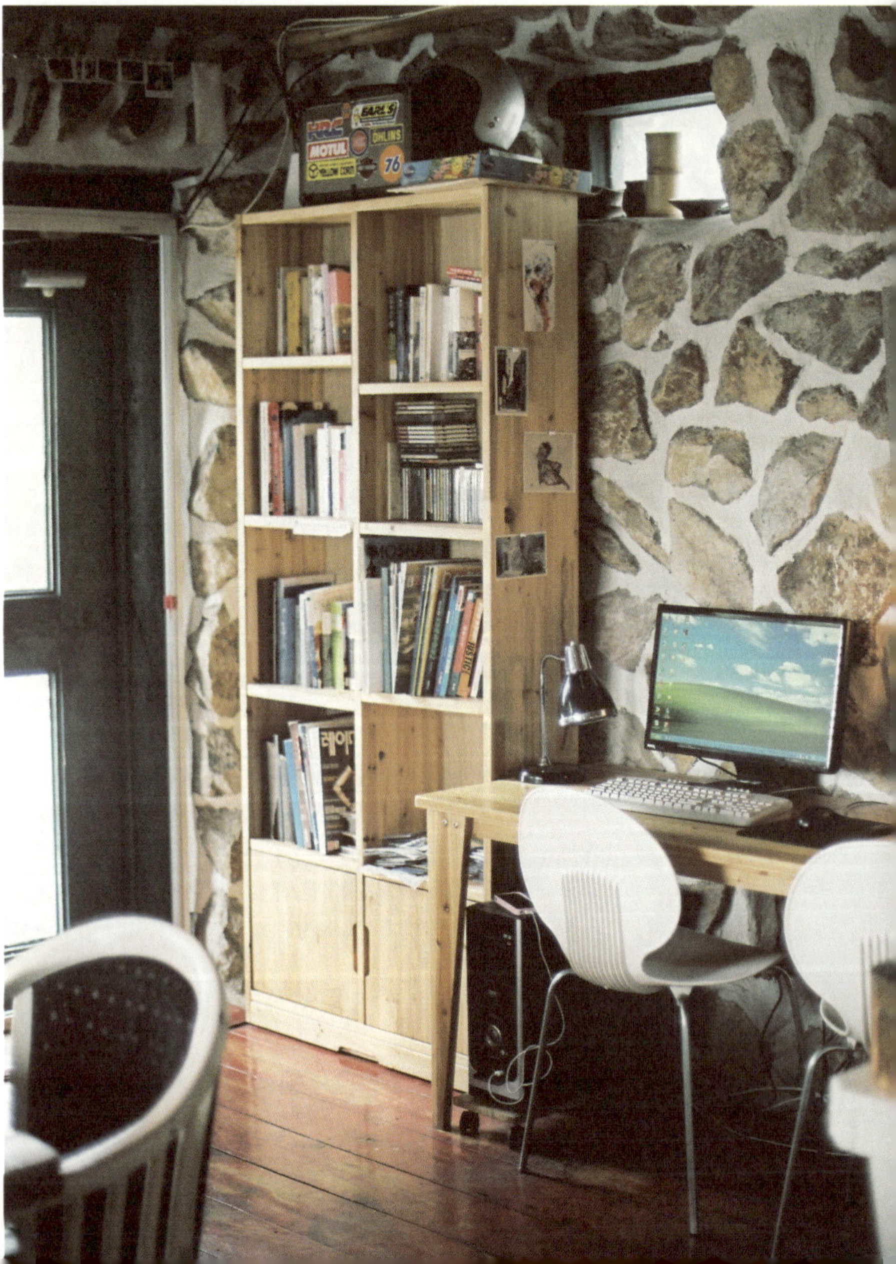

십오 년 전 해남으로 내려온 주인장이 직접 지은 게스트하우스. 원래 펜션으로 운영하던 건물을 2년 전부터 게스트하우스로 운영하기 시작했다. 신청자가 네 명 이상이면 1만원씩 모아 바비큐 파티를 할 수 있다. 무뚝뚝하고 터프한 주인장의 스타일상 살뜰한 친절은 기대하지는 말자! 그럼에도 불구하고 햇살 잘 드는 라운지의 근사한 분위기와 주인장의 센스 만점 음악 선곡, 여기 저기 걸어 둔 미술품이 게스트하우스를 추억의 장소로 만든다. 앗 생각해보니, 어차피 당신에겐 선택권이 없다! 해남 땅끝마을에 여행자를 위한 숙소는 이곳이 유일하니 말이다.

1 광주에서 해남 땅끝마을로 가는 버스.
2 해남에서 구한 자재로 주인장이 직접 지은 케이프 건물.
3 일층 라운지 앞 조용한 테라스.
4 라운지에서 직접 만들어 먹은 조식.
5 라운지엔 게스트를 위한 책과 PC 공간이 준비되어 있다.
6,7 편안하게 머물렀던 도미토리 방과 바로 옆에 있는 화장실과 샤워실.

add _ 전라남도 해남군 송지면 송호리
      땅끝마을 길 41번지
price _ 도미토리(4인실/6인실) 2만
      ~2만 5천원
      2인, 3인실(온돌/베드)
      5만~7만 5천원
in & out time _ 2시 · 11시반
meal _ 식빵 2장, 계란 1개, 잼,
      유우 & 주스 1잔, 원두커피 1잔 제공
tel _ 061-532-5004, 070-4144-4055
web _ www.capekorea.com

땅끝에서 희망을 나누다

북위 34도 17분 21초, 서울까지 천리, 함경북도 온성까지 2천리, 해남군 송지면 갈두산 사자봉, 한반도 최남단, 해남, 여기는 땅끝, 땅끝이다. 내겐 왠지 모를 땅끝에 대한 로망이 있었다. 전라도에 사는 사람들이라면 지척이니 별 감흥이 없을 수도 있겠지만 나처럼 수도권에 사는 사람들은 모두 땅끝에 대한 로망을 가지고 있지 않을까? 특히, 사는 곳이 지겹고 벗어나고 싶을 땐 아무래도 제일 멀리 최대한 떨어진 곳으로 훌쩍 가버리고 싶어지니까. 그래서 여긴 이름하여 땅끝. 해남 땅끝 마을이다.

광주터미널에서 '땅끝'이라는 단어가 적힌 버스에 몸을 실었다. 그 '땅끝'이라는 단어가 내 가슴 속에 들어와 온갖 감정을 일렁였다. 광주에서 땅끝까지 세 시간 반. 그리고 조금 뒤 해남을 지나 산정을 지나 땅끝에 다다랐을 때 마음속 일렁임은 일렁을 넘어 울렁대기 시작했다. 광주를 떠나기 전 너무 맛있게 먹은 콩국수 한사발이 식도를 타고 스물스물 기어올라 손잡이를 부여잡게 만들었다. 끝이라는 녀석, 역시 만만한 곳이 아니다.

정신을 차려보니 사람들이 내리고 있다. 시계를 보니 아직 도착 시간이 한 시간은 더 남았는데, "여기가 어디예요?" 나가는 사람을 붙잡고 물었다. "땅끝이요." 그 말에 난 짐을 챙겨 서둘러 내렸다. 내리자마자 바로 벤치가 눈에 들어왔다. 난 트렁크 손잡이에 얼굴을 처박고 앉았다. 바다가 바로 앞에 있었지만, 아무것도 보이지 않았다. 대체 몇 킬로로 달리면 한 시간 전에 도착할 수 있나요? 묻고 싶었지만, 한 시간이나 일찍 손님을 모셔온 것에 뿌듯한 표정을 짓고 있는 기사를 보며 그저 침을 꼴깍 삼키고 있을 뿐이었다.

얼굴을 들자, 그제서야 눈앞에 펼쳐진 바다가 눈에 들어온다. 망망한 바다. 넘실대는 수평선. 식은땀이 바닷바람에 금세 서늘해져 왠지 모를 외로움이 밀려들었다. 일어나 가방을 끌었다. 해남 땅끝마을에 단 하나 있다는 케이프 게스트하우스를 찾아 나섰다. 이상하게 몇 번 가봤던 길처럼 쉽게 찾을 수 있었다. 맘 가는 방향으로 길목에 들어서자, '게스트하우스'라는 큰 글씨가 보였다. 버스에서 내려 아무대로나 마을 쪽으로 걸어 들어오면 누구나 쉽게 찾을 수 있겠다.

2층 건물인 케이프 게스트하우스는 바다와 잘 어울리는 파란 지붕에 흰 벽, 1층 높이까지 쌓아놓은 큼지막한 돌덩이들이 원시적이면서도 자유로운 분위기다. 일층은 사무실과 게스트들이 식사를 하고 자유롭게 이야기를 나눌 수 있는 라운지로 사용되는데, 밖으로 보이는 돌맹이들이 안쪽에서도 보인다. 곳곳에 걸린 유화 작품들은 아프리카 풍이다.

일층 리셉션엔 주인으로 보이는 한 남자가 앉아있었다.

인사를 건네자 무표정한 얼굴로 게스트하우스의 주의사항을 보여준다. 곧바로 예약자 리스트에 신상을 남겼다. 어디서 왔는지, 연락처와 체크 아웃 날짜를 쓰자 그는 2층에 있는 C방이라고 일러준다. 문을 나와 왼쪽으로 난 계단을 올라가니 약간 기운 나무 바닥과 지붕과 깔맞춤한 파란 테이블이 나온다.

그 테이블을 중심으로 네 방이 자리해 있다. A, B방은 가족실, C, D방은 각각 남자 여자 도미토리다. 2층에 올라가 보니 바로 건너편에도 비슷하게 생긴 건물이 있는데, 그 건물엔 '케이프 펜션'이라는 간판이 붙어있다. 두 건물 다 게스트하우스와 펜션으로 사용되는 듯 했다. 2층 도미토리 C방으로 들어가 침대에 바로 쓰러져 누웠다. 머리가 아직도 빙빙 돈다. 눈을 천천히 감았다 떴다를 반복하다 주변을 살피니, 2층 침대가 총 3개. 여섯 명이 사용할 수 있는 공간이다. 내 옆자리 침대엔 누군가 이미 짐을 풀고 나간 듯 했다. 어떤 사람일까, 옷걸이에 옷이 정갈하게 걸려있는 걸 보니 굉장히 깔끔할 것이고, 걸린 옷의 취향을 보니 여성스러운 사람일 것 같았다. 벌써 5시, 정신을 차리고 일층으로 내려왔다.

사장님은 여전히 컴퓨터에 고정 자세로 앉아있다. "저, 지금 이 시간에 둘러볼 곳이 어디가 있나요?", "여긴 땅끝 말고는 볼게 없는데 땅끝 탑 가 봐요." 사장님은 땅끝 지점에 세워둔 탑이라고 설명했다. 진정한 땅끝.

땅끝 탑에서 자전거 청년 승철이를 만나다

더 이상 말을 붙여볼 여지가 없는 무뚝뚝한 사장님을 뒤로 하고 땅끝 탑으로 향했다. 땅끝 탑 입구 쪽으로 들어서자 저 높은 곳에 있는 전망대가 보였다. 전망대는 산꼭대기에 있는데, 모노레일을 타고 올라갈 수 있다. 물론 걸어서 가는 길도 있다. 모노레일을 타고 전망대에 올라가니 모든 것이 아래로 펼쳐진다. 전망대의 유리창이 조금만 더 깨끗했다면 정말 좋았을 텐데 저 멀리 양식장도 보이고, 봉긋 귀엽게 올라온 장난감 같은 섬들이 충분히 아름다웠다.

전망대에서 내려와 리프트를 타는 곳 반대방향으로 난 등산로를 따라 20분 정도 내려가면 땅끝 탑이 보인다. 뾰족하게 올라온 검은 대리석에 '땅끝'이라는 글자가 새겨져 있다. 진정한 땅끝. 하지만 내 관심은 땅끝이 아니라 어떤 남자를 향했다. 땅끝 탑 앞으로 서있는 새까만 남자. 어려보이는 데 중학생인가? 한국인이라고는 생각할 수 없는 검은 피부에 170 정도 되어 보이는 키, 밤송이 같은 머리카락이 마치 만화 주인공 까치 같았다. 내 관심의 원인은 까만 피부 때문만은 아니었다. 바로 그가 들고 있는 자.전.거. 때

1 라운지 천장을 빙 돌아가며 걸려 있는 여행자들의 폴라로이드 사진.
2,3 게스트들의 아침 식사 풍경.
4 삼선슬리퍼를 신고 부천에서 땅끝마을까지 자전거로 여행 중인 승철이의 대단한 발.
5 바다를 향한 라운지 창으로 햇살이 가득 들어오는 평화로운 식탁.

문이었다. 대체 저 자전거를 어떻게 가지고 올라왔지? 여긴 자전거를 가지고 올라올만한 길이 아닌데. 자전거 여행 중인가? 게다가 맨발에 검정색 흰색 줄무늬 슬리퍼를 신고있는 게 아닌가. 일명 삼선슬리퍼. 자전거여행? 근데 왜 슬리퍼? 근데 한국인이 저렇게까말 수 있나? 그냥 동네사람인가? 미스터리한 그의 등장에 이미 땅끝의 낭만은 모두잊어버렸다.

"자전거 여행 중이세요?" 그에게 다가가 물었다. "예." 그의 짧은 한마디에 의문점이두 개나 풀렸다. 일단 여행 중이었고, 한국 사람이었다. "어디서 출발했어요?", "부천이요." 부천. 그는 천리 정도 떨어진 이곳에 자전거와 맨몸 하나로 당당히 서 있었다. 며칠만에 왔느냐 물으니 5일이란다. 5일이라, 하루에 100킬로미터씩 달렸단다. 대답만 하던그가 처음으로 질문했다. "근처에 숙소가 어디에 있어요?" 주로 찜질방에서 잤는데 여기엔 찜질방이 없어서 고민 중이라고 했다. 난 바로 케이프 게스트하우스를 소개했다. 그리고 그가 내게 다시 물었다. "게스트하우스가 뭐예요?"

게스트하우스가 뭐예요?

우린 등산로를 따라 땅끝마을로 내려갔다. 강승철이라는 이름을 가진 그 친구는 21살. 학생이고 군 입대 하기 전에 자전거 여행을 왔다고 했다. 자전거를 번쩍 들고유유히 산을 내려가는 그의 깡마른 뒷모습. 내 눈은 그의 삼선슬리퍼에 꽂혔다. "혹시승철아, 신발은 설마?" 내가 묻자 그는 아무렇지 않게 웃으며 대답했다. "왜요? 저 이거신고 나왔는데." 그리고 그는 다시 걸었다. 가방에 뭐가 있냐는 질문에 티셔츠 한 장 들었단다. 나보다 더 대책 없는 여행자다. 그렇게 난 게스트하우스 호객꾼이 되어 승철이를 이끌고 케이프 게스트하우스로 돌아왔다.

일층으로 들어서 사장님에게 자랑스럽게 말했다. "땅끝 탑에서 만났는데 숙소를 찾길래 데려 왔어요." 체크인을 하고 방으로 들어가는 승철이를 보고 나도 내 방문을 열었다. 깔끔하고 여성스런 그녀가 와 있을까? 방문을 열자, 빈 침대가 메워져 있었다. 다들늦게 도착한 모양이다. 짧은 머리에 귀엽게 웃는 미소년 같은 언니 한명과 숏 커트 헤어스타일에 굉장히 털털한 말투를 가진 언니, 모두 20대 후반에서 30대 초반의 나이였고내가 막내였다. 왕언니인 윤희 언니, 미소년 새롬 언니, 털털한 명지 언니. 여자 넷이 모여시작된 수다의 소재는 여행으로 시작되어 언제나 그렇듯이 남자, 결혼, 육아로 번졌다.

"남자는 능력이지."

"아니지, 남자는 성실이야."

"아니예요, 언니 그래도 저보다 키는 커야죠."

그렇게 수다를 떨다 보니 벌써 8시가 훌쩍 넘어가고 있었다. 그러고 보니 해남에 도착해서 아직 아무것도 못 먹었다. "우리 치킨이라도 사 먹어요." 내가 제안했고 모두 좋다고 했다. 그리고 승철이를 불러 우리 다섯은 라운지에 모여 앉았다. 땅끝마을이 그새 어두워졌다. 전망대는 일곱 가지 색의 조명을 바꿔가며 내가 올라갔을 때보다 열 배는 멋진 모습을 하고 있었다. 언니들의 관심은 막내 승철에게 쏠렸다. 곧 입대를 한다는 말에 귀여운 미소년 새롬 언니가 웃는다. 알고 보니 언니는 여군 중사였다. 언니는 어디로 배정되었는지 묻더니 최전방이라며 또 웃는다. 간부의 웃음. 최전방이라는 말에 기운이 없어진 승철이 어깨를 다독이며 내가 말했다.

"어쩌면 최전방이 지금 여행보다 쉬울 수도 있어."

마냥 귀여운 언니인데 왠지 군대에서 만나면 엄청 무서운 상사일 것 같다. 언니는 군생활 20년을 꽉 채운 후에 퇴직하고 게스트하우스를 차리고 싶다고 했고, 명지 언니도 합세했다. 알고 보니 명지 언니는 논산에서 근무하는 수사팀 경찰이란다. 경찰 명지 언니는 "그런데 민증은 가지고 다녀? 슬리퍼에 자전거에 오해의 소지가 있으니깐 민증은 가지고 다녀요~"라고 승철이에게 이야기해 주었다. 윤희 언니는 인사팀에 오래 근무하다 그만두고 여행 중이라고 말했다.

케이프 게스트하우스에서 만난 사람들

다섯 명이 먹었는데도 치킨이 꽤 많이 남았다. 해남이라 양이 푸짐한가. 그때 마침 한 남자가 문을 열고 들어왔다. 윤희 언니가 말을 걸었다. "괜찮으시면 이거 드실래요?" 거절할지도 모른다고 생각했는데 순식간에 세상에서 가장 행복한 표정이 된다. 짧은 머리에 체크 셔츠를 반듯하게 입은 그는 구수한 경상도 사투리로 고맙다고 인사했다. "괜찮으시면 이쪽에 앉으실래요? 사실 우리도 오늘 다 처음 보는 사람들이거든요." 그는 깜짝 놀라며 우리 쪽으로 와서 같이 앉았다. 여수 엘지화학에 근무하는 29살 김재필이라고 자신을 소개했다. 승철이와 마찬가지로 게스트하우스는 처음이었고, 밖에서 보니 우리가 엄청 친해 보이고 단체로 여행 온 것 같아 고민하며 케이프 게스트하우스를 세 번이나 왔다 갔다 하며 맴돌았다고. 그에게 말을 안 걸었으면 큰일 날 뻔했다. 라운지 이용 시간이 끝나는 11시까지 우린 신나게 수다를 떨었다.

"언니 내일 일출 보실 거예요?" 내가 이불 속 언니들에게 속삭였다. "일출이 보일까? 어제도 안 보이던데 오늘 날씨도 별로네. 난 포기." 어제부터 머무른 명지 언니가 말했다.

"전 내일 꼭 보고 말겠어요." 난 투지를 불태웠다. 그리고 새벽 4시 55분, 무언가에 홀린 듯 눈을 번쩍 떴다. 5시 알람이 울리지도 않은 시간이었다. 후다닥 게스트하우스를 빠져나왔다. 그리고 일출이 가장 잘 보인다는 버스 종점 근처 등대로 향했다. 하지만 5시 30분이 지나도 해는 보이지 않는다. 일출을 보러 모여들었던 사람들은 하나둘 사라지고 결국 아주머니 세 분과 나 그리고 아들과 아빠로 보이는 남자 두 명까지 총 세 팀이 등대를 지키고 있었다.

해수면 위로 구름이 잔뜩 껴있었고, 해는 보이지 않고 날은 점점 밝아왔다. 갈까 말까 고민을 하던 찰나 아빠와 아들이 나누는 대화가 들렸다. 중학생 아들이 해가 안 떠 아쉬워하자, 아빠가 아들에게 말했다.

"애야, 일출은 보지 못했지만, 일출을 기다리는 그 마음은 똑같지 않니."

꼭 내 아버지가 내게 하는 말처럼 들렸다. 그 부자가 떠나고 나는 등대 난간에 털썩 주저앉아, 해가 뜨는 방향만 멍하니 바라봤다. 드디어 5시 45분 해가 보이기 시작했다. 그림 같은 일출은 아니었지만, 나와 아주머니 세 분은 신나게 카메라와 핸드폰에 일출을 담았다. 난 라운지에 내려온 사람들에게 일출 사진을 자랑했다. "우리 방에서 본 거랑 다를 게 없네." 재필 오빠가 말했다. 뭐 상관없다. 일출을 기다리는 마음이 중요하니까. 식빵과 계란 프라이, 원두커피로 아침을 먹으며 우린 어제 못다한 이야기를 나누며 웃음꽃을 피웠다. 라운지 창문으로 아침 햇살이 환하게 들어오고 있었다. 식사를 마치고 우린 뿔뿔이 흩어졌다. 명지 언니와 윤희 언니, 새롬 언니는 하루 더 묵는 일정이라 주변 섬을 돌아본다고 했고, 재필 오빠와 승철이는 모노레일을 타러간다고 했다.

땅끝이라는 그 이유만으로

짐을 챙겨 일층으로 내려오니 주인아저씨가 앉아있다. 일층 한편에 놓여있는 펜션 시절부터 있던 오래된 방명록을 넘겨봤다. 땅끝이라는 끝자락. 그리고 자신이 서있는 인생의 끝자락. 끝자락에 서있는 사람들이 케이프 게스트하우스를 주로 방문하는 듯했다. 그리고 그들은 끝자락인 이곳에서 희망을 찾고 있었다.

"땅끝은 정말 뭐 하나 볼게 없어요. 그래도 사람들이 이곳을 찾는 건 땅끝이라는 단어 하나만으로도 가치가 있기 때문이겠죠." 주인아저씨가 말했다.

며칠 후, 재필 오빠에게서 한통의 문자를 받았다.

"안녕하세요. 다들 잘 지내고 계신가요? 땅끝에서 만난 재필입니다. 저는 사실 여행을 별로 좋아하지 않아요. 그래서 혼자 하는 여행도, 게스트하우스라는 곳도 처음이었습니다. 땅끝 마을을 밤늦게까지 돌아다니면서도 떨쳐지지 않는 상념을 안고 게스트하우스로 들어갔습니다. 하지만 그곳에서 들은 누나 동생의 이야기, 다양한 생각의 관점, 다른 사람을 아끼는 따뜻한 마음, 처음 보지만 한없이 기분 좋게 만드는 분위기와 느낌. 여수로 돌아오는 전 어제 오후까지 탁했던 시야가 맑아지고 마음이 치유되는 것을 느꼈습니다. 저는 눈물이 날만큼 여러분께 고맙고, 또 고맙습니다."

재필 오빠의 문자를 받고 나 역시 잠잠하던 땅끝의 일렁임이 물밀듯 밀려들었다. 우린 모두 같은 추억에 잠겨 있을까? 지금쯤 다들 무엇을 하고 있을까? 사장님의 말이 맞았다. 아무것도 필요하지 않았다. 여긴 그냥 땅끝이라는 단어 하나만으로도 충분히 가치가 있었다. 그리고 땅끝을 떠난 지금, 내게 땅끝은 더 이상 막연한 낭만과 로망의 장소가 아니었다. 그들과 함께 웃고 떠들던 케이프의 햇살 잘 드는 어느 테이블 위, 거기가 나의 땅끝이었다.

무뚝뚝함마저 땅끝과 잘 어울리는 남자

큰 키에 다부진 몸. 베컴 머리에 머리 모양과 똑같은 수염을 고수하는 마초 냄새 폴폴 풍기는 그는 15년 전 서울에서 이곳으로 훌쩍 내려왔다. 그리고 해남에서 공수한 재료들로 케이프 게스트하우스를 직접 지었다. 내가 도착한 날 아저씨는 유난히 찬바람이 불었고, 게스트하우스 운영자가 왜 저렇게 불친절한가 싶었다.

그리고 체크아웃을 하러 일층으로 내려오니 여전히 무뚝뚝해보이던 아저씨가 "이제 가요?" 라고 내게 말을 걸어주었다. 그 말마저 반가웠다. 그는 4년을 키운 개가 어제 죽었다고 말했다. 아마도 그 때문에 말이 없었나 보다.

걸려있는 그림들에 관심을 보이자 그가 라운지 문 옆 작은 쪽문으로 안내한다. 쪽문을 열자 화장실을 개조한 작은 전시공간이 나온다. 그는 땅끝에 와서 이곳을 지을 때부터 함께 지내던 지금은 돌아가신 친한 형님의 그림이라고 했다. 추상화에 가까운 그 그림들이 왠지 이곳 케이프의 감성과 잘 어울린다. 조금 불친절하지만 그를 이해하기로 했다. 하루 만에 그 사람의 속내를 알기엔 매우 힘들뿐더러, 아저씨의 그런 삭막함마저 이곳 해남과 꽤 잘 어울리니깐.

따뜻한 감성남 재필과 다시 만나다

그를 다시 만난 건 순천으로 넘어가려는 해남 터미널에서였다. 어제 밤 우리와 치킨을 먹었던 해맑은 표정을 가진 재필 오빠를 다시 만났다. 버스시간표를 체크하지 않고 무작정 가는 스타일인 나는 터미널과 역에 죽치고 있기 전문이다. 아직 한 시간이나 남았는데 뭘 하지 하던 그때, 오전에 승철이와 모노레일을 탄다고 나갔던 재필 오빠를 만났다. 그의 목적지는 회사가 있는 여수. 순천을 경유해 가는 나와 같은 버스였다.

그는 내가 떠나온 후 해남에서 있었던 일들을 이야기해 주었다. 윤희 언니가 어제 승철이의 신발을 보고 맘이 짠했는지. 섬에 가기로 했던 일정 대신 시내에 가서 승철이의 신발을 사왔다는 거다. 신발은 승철이가 받았는데, 그 이야기를 하는 그가 눈시울이 촉촉해진다. 알고 보니 그는 울보였다. 그는 '행복한 TV 동화'라는 감동적인 이야기가 짤막하게 단편으로 담긴 책을 좋아한다고 했다. 한 장 읽고 감동받아 울고, 또 한 장 읽고 운다고. 읽을 때마다 우는 게 싫어 자주는 못 보지만 그래도 가끔씩 꺼내본다고 했다. 그는 이번 여행이 처음이라고 했다. 그런데 어제의 기억이 너무 좋아 이젠 더욱 여행할 엄두가 안 난단다. 어제의 그 예쁜 추억들이 깨져 버릴까봐. 말은 그렇게 하지만 그는 또 다시 여행을 하게 될 거다. 그가 매번 울면서도 펼쳐보게 되는 그 책처럼 말이다.

해남 모노레일

마을에서 땅끝 전망대로 향하는 이동 수단. 하늘에 매달려 올라가는 케이블카가 아닌 하부에 지탱해주는 레일을 따라 올라간다. 노란 네모박스 형태로 15명이 탈 수 있는 두 칸으로 이루어져 있다. 모노레일을 타지 않고 전망대까지 올라가는 산책길도 있으며, 길은 경사가 가파른 편이다. 모노레일은 15분마다 운행되며, 올라가면서 해남 땅끝의 모습을 감상할 수 있다.

add _ 전라남도 해남군 송지면 송호리 | **tel** _ 061-533-0121
price _ 편도 기준 어른 3천원, 어린이 2천원

해남 땅끝탑

진정한 땅끝. 땅끝 지점을 알리기 위해 새워둔 돌 비석이다. 앞쪽으로 새로운 시작을 알리는 뱃머리 모양의 아담한 전망대가 있다. 모노레일을 타고 올라갔던 땅끝 전망대에서 이곳까지는 500m정도로 해안을 따라 이어져있다.

해남 땅끝전망대

갈두산 정상에 있는 횃불 모양의 전망대. 역동적으로 타오르는 횃불의 이미지를 형상화한 40m 높이의 땅끝 전망대다. 이곳에선 흑일도, 백일도, 보길도 등 섬과 바다가 어우러진 다도해의 풍광이 한눈에 볼 수 있다. 날씨가 좋으면 제주도 한라산까지도 보인다. 일출과 일몰을 모두 볼 수 있어 매년 해넘이, 해맞이축제가 열리는 곳이다.

add _ 전라남도 해남군 송지면 송호리 산 45 | **tel** _ 061-530-5544

향일암 게스트하우스

새 소리 파도 소리에
마음 편해지는 비밀의 방

국내에서 가장 아름다운 일출을 볼 수 있는 곳으로 유명한 향일암. 이곳 향일암 게스트하우스 방안
에서는 아름다운 향일암 일출을 볼 수 있다. 옥상에서 바라보는 일출도 일품. 주인장은 여수 시내
며 향일암, 금오도까지 여수에 대해 모르는 게 없는 정보통이니 여행하다 궁금한 건 그녀에게 물어
보자! 가끔 시내 숙소가 부족해서 향일암까지 오는 손님들이 왜 이렇게 머냐며 투덜댄다. 주인 언
니는 향일암을 보러 멀리까지 와 준 여행자들이 고맙지만, 향일암을 그저 시내와 먼 곳으로만 생각
하는 사람들은 절대 반갑지 않다고. 시내 구경만 원하는 사람이라면 시내에서 머무르는 게 서로에
게 좋을 듯! 하지만 향일암을 보면 시내 생각은 아마 쏙 들어갈 거다! 조식으로 구수한 누룽지와 김
치가 제공된다.

1 라운지의 삼면이 유리창으로 되어 있어 바다 햇살이 마구 쏟아진다.
2 라운지 한 벽면에 붙은 버스 시간표와 지도, 그 앞으로 PC공간이 있다.
3 향일암 게스트하우스에는 방안에서 일출을 볼 수 있는 방도 있다.
4 페인트로 마음 속 고민을 적을 수 있는 라운지 바닥.
5 조식으로 제공되는 누룽지.

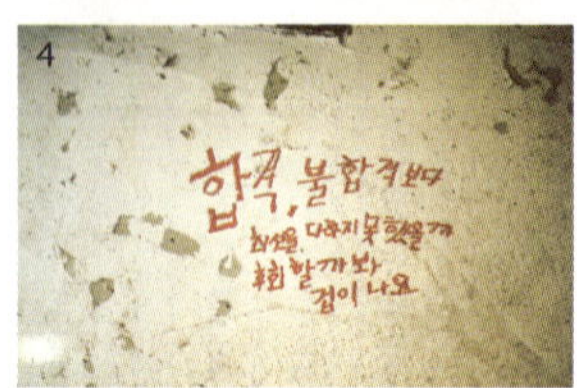

GUESTHOUSE INFO

add _ 여수시 돌산읍 율림리 50-10
price _ 도미토리 1인 2만 5천원
        (내일로 티켓 소지시 2만원)
in & out time _ 없음
meal _ 누룽지 김치 제공
tel _ 010 8582 4383
web _ cafe.naver.com/sol79

향일암에 게스트하우스가 있는 이유

여수역에 도착하니 북적북적하다. 역 근처 버스정류장으로 나가 무조건 향일암이라고 적힌 버스에 몸을 실었다. 버스만 타면 책을 읽다 자거나, 그냥 자던 나는 반짝이는 눈으로 창가에 얼굴을 바짝 붙이고 있었다. 버스 창문으로 보석 같은 바다가 펼쳐졌기 때문이다. 바다는 태양빛을 반사시키며 여기저기 플래시를 산란하게 터트렸다. 바다냄새가 바람을 타고 내 머리카락을 흔들었다. 근처 가게에서 틀어놓은 가수 '버스커 버스커'의 여수밤바다 노래가 여수의 애국가인양 여기저기 흘러나와 돌림노래를 이뤘다.

그렇게 버스는 사십여 분 후 종점 '향일암'에 날 남겨두고 다시 왔던 길로 유유히 사라졌다. 버스정류장 바로 앞에 게스트하우스가 있었다. 향일암은 해를 향한 암자라는 뜻으로 신라시대에 지어진 작은 사찰인데, 지형이 바닷속으로 막 잠수해 들어가는 거북이의 형상이 특징이다. 향일암이 거북이 등짝 위에 있다면 등에서 내려온 배 정도 위치에 향일암 게스트하우스가 있다. 그것이 오늘 잠자리로 내가 이곳을 택한 가장 큰 이유였다. 거북이 모양을 직접 확인하고 싶었고, 무엇보다 게스트하우스가 많이 생겨나는 여수 중심지가 아닌, 꽤나 떨어진 이곳 향일암 여수 끄트머리에 게스트하우스가 생긴 이유도 궁금했다.

향일암 게스트하우스는 사다리꼴 기둥 모양의 이층짜리 건물에 있다. 1층은 사무실과 라운지 공간, 방은 모두 2층에 있다. 안이 훤히 들여다보이는 일층 라운지를 기웃거리니 인기척을 들었는지 막 일어난 듯한 얼굴의 한 여자가 나왔다. 향일암의 느낌과는 사뭇 다른 젊은 여성이었다. 일층으로 들어가니 라운지 중앙부엔 분홍 하늘색의 길다란 천 네 장이 천장에서 바닥 가까이까지 대롱대롱 달려있다. 주인 언니는 그 천을 봄 여름 가을 겨울이라고 설명했다. 천을 사이에 두고 게스트들이 편하게 이용할 수 있는 여러 개의 테이블이 있고 입구 바닥엔 고민들을 여기 두고 가라는 의미로 페인트로 고민을 적는 공간도 있다. 사무실은 삼면이 유리로 되어 있어, 자연이 그대로 드러났다. 열어둔 창가로 바람이 들어와 '봄 여름 가을 겨울' 천을 살랑살랑 흔들었다.

주인 언니는 나를 방으로 안내했다. 사무실 한쪽으로 이어진 복도 계단을 한층 올라가니 통로를 따라 여러 개의 방문이 주르륵 붙어있다. 방문과 커튼, 벽면은 모두 일층의 '봄 여름 가을 겨울' 천색과 같은 화사한 색으로 칠해져 있다. 그리고 내가 묵을 방을복도 가장 안쪽의 방이었다. 여긴 2층 침대의 도미토리와 다르게 온돌방이다. 삼각형의 방에는 바다가 한눈에 내려다보이는 멋진 창이 있었다. 삼각형 방안 한 꼭짓점 구석엔 이불들이 차곡차곡 올려져있고, 방안으론 커튼을 뚫고 햇살이 마구 쏟아지고 있었다.

짐을 두고 나가려는데, 언니가 신을 벗고 안으로 들어가 낮게 달린 창문을 열고 앉

1 라운지 창가를 따라 여행자들의 흔적인 맥주캔이 놓여있고 주인장이 취미로 만든 도예품도 볼 수 있다.
2,3 방 안에는 라운지에 매달린 천과 마찬가지로 화사한 커튼이 있고, 한 방당 화장실이 하나씩 딸려있어 편리하다.

앉다. 나를 한번 보더니 자신의 앞자리를 톡톡 두드리며 앉으라고 신호했다. 난 뭔가 잘 못한 사람처럼 무릎을 꿇고 앉았다.

"들려?"

"네? 뭐가요?"

"파도 소리랑 새 소리 말야."

고개를 돌려 밖을 보니 바다는 이루 말할 수 없이 근사한 파도 소리를 만들어 냈고, 새 소리가 울려 퍼지고 있었다. 피리연주 같은 온갖 새의 지저귐이 파도와 함께 화음을 이뤘다. 그리고 언닌 오른쪽 왼쪽 손가락으로 짚어가며 거북이 얼굴과 꼬리를 설명해 주었다. 매번 오는 손님에게 수도 없이 말했을 멘트일 텐데 난생 처음인 것처럼 흥분된 억양으로 내게 설명했다.

"우리 숙소는 거북이 한 마리 품 속에 있는 거야. 어때 굉장하지?"

그리고 풍수지리학적으로도 증명된 좋은 기운이 가득한 곳이니 내게도 곧 좋은 일이 생길 거라고 했다. 오픈한지 사 개월 정도 밖에 안 되었지만 이곳에 다녀간 사람들에게 신기하게도 좋은 일이 많이 생겨나고 있다는 언니의 그 말이 종교처럼 다가와 믿고 싶게 만들었다. 어느새 내 기분도 창밖 바다처럼 덩실덩실 신이 나기 시작했다.

여 수 여 행 을 떠 나 다

오후가 되어서야 여수 시내 구경에 나섰다. 이순신 장군 동상이 있는 광장 일대를 여수 시내라고 부르는데, 대부분의 관광지들이 이곳에서 걸어서 갈 수도 있고 혹은 버스 몇 정거장으로 이동이 가능하다. 나는 검은 모래해변으로 향했다. 막상 도착해보니 약간 어두운 모래가 펼쳐진 평범한 해수욕장의 모습. 하나 재밌는 건 해수욕장과는 안 어울리게 배들이 바다 위에 동동 떠 있다는 것이다. 그리고 또 다른 재미는 여수 사람들. 엑스포에 온 것 같은 외국인 여성들이 비키니를 입고 해변을 거닐자 온 동네 사람들이 해변 멀찍이에서 구경을 한다. 멀리서 그녀들이 오가는 방향으로 일제히 고개를 돌리는 모습이 왠지 귀여웠다.

주인 언니가 일러준 대로 허기진 배를 이끌고 게장거리에서 가장 이름난 가게에 들어갔다. 이곳 게장거리에는 게장을 무한리필로 즐길 수 있는 가게들이 줄지어 있다. 하지만 나를 반기는 건 맛있는 게장이 아니라 1인분은 안 판다는 사장님의 무심한 말이었다. 먹으려면 2인 이상이 와야 한단다. 나처럼 혼자 온 여행자는 그럼 게장을 먹지도 말라는 것인가? 괜한 오기가 생겼다. 난 게장집 앞에서 탐색을 시작했다. 하지만 그날따라 전부 단체손님이지 뭔가. 그러던 중 여행자처럼 보이는 여자 둘에 남자 하나인 팀이 보였다. 난 그들에게 다가갔다.

"혹시 게장 드시러 오셨어요?"

다시 생각해도 참 손발이 오그라드는 대사다. 평소 같으면 안 먹고 말았을 텐데 여행은 나를 용기 있는 사람으로 만든다. 그들은 내말에 흔쾌히 같이 먹자고 했다. 그들은 각각 서울과 부산에 사는데, 지금은 부산에서 취업을 위한 교육을 함께 받고 있다고 했다. 교육이 끝나면 다시 흩어지게 되어 추억을 만들 겸 엑스포를 보러 여수에 왔단다.

낮보다 밤이 더 아름다운 여수

게장으로 배를 채우고 나서 우리나라 최대 목조건축물로 손꼽히는 진남관과 벽화거리를 돌았다. 벽화거리는 두 명이 서기에도 좁은 여수 동네 길에 각각의 테마를 잡고 만들어진 아기자기한 길인데 동네사람들은 그 길이 벽화거리인지 모른다. 바로 길 앞에서 주민에게 물어봤는데도 모른다고 해서 한참 찾다 날이 어두워졌다.

벽화거리가 끝나는 지점엔 돌산대교와 올해 새로 지은 돌산 제2대교가 양쪽으로 보인다. 돌산대교 조명이 여수 밤바다 위에 살며시 올려졌다. 여수가 왜 낮보다 밤이 더 아름답다고 하는 지 알 것 같았다. 이순신 광장부터 돌산 제2대교까지 바다를 따라 걷는 트레킹 코스가 잘 조성되어 있는데, 마을 사람들이 밤이 되면 이 거리 난간에 서서 낚싯대를 한 자루씩 던지는 모습이 인상적이었다.

야경이 멋지다는 지산공원 위 팔각정으로 가려는데 길을 도무지 알 수가 없다. 마침 관광버스를 세워두고 밖에 서있는 기사님이 보였다. 다가가 팔각정에 어떻게 올라 가는지 물으니, 그는 유쾌하고 큰 리액션으로 위험해서 여자 혼자 저기는 절대 못 올라간단다. 뽀글 머리에 파란 엑스포 넥타이를 귀엽게 맨 코믹한 말투의 그는 혼자 왔다는 말에 아빠처럼 걱정스런 질문을 던졌다. 알고 보니 로얄관광이라는 여행사를 운영하는 사장님이었다. 버스 한 대가 들어오자 그 버스에서 내린 다른 기사님에게 사장님은 큰소리로 말했다. "니는 와 이제 오는 것이냐. 우리 딸 시내 관광 시켜줄라카는뎅~." 사장님의 그 한마디에 난 딸로 등극했다. 그리고 사장님은 야경투어 때문에 한 시간 정도 시간이 남는다시며 오동도 쪽은 가봤는지 물었다.

오동도는 여수반도 옆에 붙은 섬으로 방파제 길을 통해 연결되어 있다. 아홉 시가 넘었지만 밤바다를 구경나온 많은 사람들이 거리에 넘쳐났다. 그리고 난 그 속에서 양쪽으로 기사님들의 호위를 받으며 거닐었다. 반대편 엑스포 행사장 불빛과 방파제를 따라 연

1 아버지처럼 친절히 길을 알려주시던 로얄 투어 사장님과 기사님.
2 방에서 바라본 향일암의 일출.
3 봉산 게장 거리의 맛있는 돌 게장 상차림.
4 오동도 방파제에서 바라본 여수 밤바다.

1 금오도 함구미 마을과 이어지는 비렁길 1코스.
2 여기저기 배가 띄워져 있는 반짝이는 여수 바다 풍경.

결된 조명들이 줄지어 빛났다. 사장님은 향일암에서 묵고 있다는 말에 버스기사들에게 전화해서 막차시간까지 알려 주셨다. 이순신 광장 앞에서 열시 조금 넘어서까지 있으니, 이곳에 십오 분 전엔 출발해야 한다고 일러주셨다. 야경투어 때문에 가봐야 한다는 사장님은 내가 못미더웠는지 몇 번이고 돌아보며 다시 설명했다. 그렇게 버스정류장에서 버스를 기다리는데 글쎄 야경투어객을 태운 로얄관광 버스가 내 앞에 섰다. 내가 광장에 잘 있나 확인하러 일부러 오신 것이다. 그리곤 막차를 놓치면 태워주겠다며, 숙소에 무사히 도착했는지 문자라도 하나 남기라고 하셨다.

한없이 편안했던 여수의 밤

늦은 밤, 숙소는 조용했고, 그날 게스트는 나 말고 한 부부가 더 있었는데, 그들은 일찍 자고 일찍 떠나 마주치진 못했다. 1층 라운지에서 언니와 이야기를 하다 나도 방에 들어갔다. 방에 이불을 깔고 누웠다. 바닥도 천장도 세모다. 누워서 눈을 지그시 감으니 새근새근 자는 아이의 콧소리처럼 파도 소리가 들린다. 언제 잠들었는지도 모르게 잠에 빠져들었다. 내가 머물렀던 게스트하우스 중 가장 깊고 편안한 잠을 잔 곳이 바로 향일암 게스트하우스다.

다음 날, 집에 가기 전 금오도에 꼭 가보라는 주인 언니의 말에 금오도에 들르기로 했다. 금오도는 아찔한 해안절벽을 따라 '비렁길'이라는 트레킹 코스가 유명하다. 향일암 게스트하우스에서 버스로 20분 거리인 '신기항' 선착장에서 다시 배를 타고 20분 정도 가야 한다. 금오도는 명성황후가 사랑한 섬으로 사람들의 출입과 벌채를 금했고 본격적으로 개척된 지는 120여 년 정도라고 한다. 궁궐에 쓰이던 소나무를 기르던 곳으로 숲이 잘 보존된 곳이어서, 등산객들에게도 인기가 좋다. 비렁길을 올라가며 펼쳐지는 바다와 작은 마을, 농사짓는 어르신, 들판에 있는 소, 갑자기 날아 올라 나를 소스라치게 만들었던 꿩까지 자연 속으로 들어온 기분이다.

1코스를 마치고 비렁길을 내려오는데 전화가 왔다. 아, 로얄투어 사장님! 사장님의 유쾌한 목소리가 핸드폰 스피커로 들려왔다.

"어~ 우리 딸. 어디여?"

"금오도예요. 사장님."

"아~ 그려? 우리 딸 집에 가기 전에 투어 차타고 못다헌 여수 시내 구경이나 시켜줄라꼬 했지."

사장님은 비렁길 정말 좋으니 잘 보고, 그리고 차 조심 길 조심 남자 조심하라고 덧

붙였다. 우리 아빠보다 더 아빠 같다. 인사를 하고 끊으려는데 사장님이 말을 이었다.

"좋은 일 있거덜랑 결혼하걸랑 꼭 연락하그라~. 예쁜 거울이라도 하나 사줄랑께."

사장님의 목소리가 비렁길을 치는 파도 소리처럼 느껴졌다. 터벅터벅 비렁길을 내려 가는 데 왠지 마음이 울컥했다. 비렁길의 파도 소리가 슬퍼서도, 비렁길 코스가 너무 힘 들어서도 아니었다. 어제의 그 짧은 인연이 고마워서, 그래서 눈물이 났다.

여수 게스트하우스

여수 엑스포 행사장과 오동도를 걸어서 갈 수 있는 곳으로 오픈한지 얼마 되지 않아 깔끔한 카페 시설을 자랑한다. 순천 올라 게스트하우스를 이용하는 여행자에게 할인 혜택을 제공한다.

add _ 여수시 수정동 452번지
price _ 도미토리 1인 2만원부터
         (주말 3만원)
meal _ 제공하지 않음.
tel _ 010-4214-0907
web _ cafe.naver.com/yeosuhouse

여수 게스트하우스 올리브

2012년 4월 28일에 오픈한 게스트하우스. 도미토리와 온돌룸을 갖추고 있다. 모녀가 함께 운영하는 곳으로 다소 좁은 공간이지 만 깔끔하게 꾸며져있다.

add _ 여수시 충무동 474번지
price _ 도미토리 2만원부터
meal _ 토스트, 잼, 커피, 차 제공
tel _ 010-2066-7596
web _ cafe.naver.com/allivehouse

플라잉 피그 게스트하우스

여수 시내 중심인 진남관 맞은 편에 위치 한 숙소. 간단한 취사가 가능하며 여수 여 행 정보를 제공한다. 로비에 카페가 있으며 투숙객은 무료로 커피를 마실 수 있다.

add _ 여수시 고소동 805번지
price _ 도미토리 2만 2천원부터
meal _ 토스트 제공
tel _ 061-666-1122
web _ yeosuhouse.com/xe

쉼표 게스트하우스

흰색과 파란색으로 꾸며진 상큼한 인테리 어가 인상적이다. 음악과 사람이 함께하는 게스트하우스로 악기를 가져가면 할인 혜 택이 있다. 엑스포 행사장에서 2분 거리로 수건을 제공한다.

add _ 여수시 공화동
price _ 도미토리 2만 7천원
         (주말 3만 2천원)
meal _ 토스트, 우유, 커피 제공
tel _ 010-8865-8665
web _ yeosuhouse.com/xe

향일암과 사랑에 빠진 그녀

삼십대 초반인 그녀는 4개월 전 이곳에 게스트하우스를 오픈했다. 그 전까지만 해도 서울에서 회사생활을 하며 혼자 살았다. 건조하기 짝이 없던 메마른 삶. 그녀의 마음 한구석에 자연으로 돌아가고픈 이상한 욕망이 조금씩 차올랐다. 그리고 남은 인생을 남들의 시선과는 상관없이 살아가고 싶었다. 그녀는 스스로가 행복하고 보람된 일이라면 뭐든 할 수 있을 것 같았다.

그러던 어느 날, 여수 여행 중 향일암을 만났다. 첫눈에 반했고, 그동안 모아둔 돈으로 당시 향일암에 하나 남은 건물을 덥석 계약했다. 모든 것을 정리하고 향일암에 내려가기 전날, 그녀는 광주에 계신 부모님께 그간의 이야기를 털어놨다. 부모님은 서울에서 회사 잘 다니던 딸이 갑자기 여수 끄트머리에 붙어있는 향일암에서 듣도 보도 못한 게스트하우스를 차릴 거라는 이야기에 당황하셨다 하지만 더 이상 그녀를 막을 수 없었다.

그녀는 단단한 각오 말고는 아무것도 갖춘 것 없이 무방비 상태로 향일암에 홀로 남겨졌다. 잘 할 수 있을 거라던 각오는 텅 빈 건물 안에서 산산이 부서졌다. 대체 어디부터 손을 대야 할지 알 수 없었다. 예전 민박으로 운영되었다던 낡은 건물은 아무리 손을 봐도 삭막했다.

향일암에서는 뭐든지 느리게 진행됐다. 인터넷 하나를 설치하는 일만 해도 향일암이라는 이유로 2주는 걸렸다. 보일러도 전기도 마찬가지였다. 직접 게스트하우스 구석구석을 칠하면서 가끔은 공포스러웠다. 내게 "들려?" 라며 눈을 초롱이던 그녀가 처음엔 저 파도 소리가 무서워 한 달 넘게 잠도 못 이뤘다고. 인테리어를 손보는 동안 부모님의 반대전화는 계속됐다. 위약금에 계약금까지 내줄테니 올라오라고 설득하셨지만 다시 그 뻔한 삶과 마주할 자신이 없었다.

그렇게 지금의 게스트하우스 모습이 만들어졌다. 사실 지금도 뭐 그렇게 완성된 느낌의 숙소는 아니다. 라운지에 걸려있는 천 네 장과 방문에 발라놓은 페인트가 인테리어의 전부다. 미완성 느낌이 이곳의 매력이랄까? 이상하게도 그 투박함이 특별한 하루를 만들어낸다. 기억에 남는 게스트를 묻자 프랑스에서 온 62세 할아버지 이야기를 들려줬다. 인공심장을 달고 제 2의 인생을 살고 있다는 할아버지는 죽기 전 더 많은 것을 보고 싶어 여행을 시작했다고. 큰 배낭 세 개를 들고 왔는데, 두 개의 배낭은 온갖 약과 주사로 가득했다고 한다. 머무는 동안 직접 스테이크도 해주셨다고. 가끔 메일을 주고받는데 오래오래 건강하셨으면 좋겠다고.

이야기를 마친 그녀는 이곳 주변에 핀 동백꽃부터 바다색이 가장 예쁠 때가 언제인지, 주변 볼거리에 대해 상세히 설명했다. 조근조근 말하는 그녀의 손짓과 말투는 사랑에 빠진 사람처럼 화사하게 빛났다. 그녀는 지금 향일암과 끝모를 사랑을 하고 있다.

검은 모래 해수욕장

1939년에 개장한 만성리 해수욕장 '검은 모래해변'은 전국에서 보기 드문 검은빛을 띠는 모래로 이루어져있다. 모래가 검은 이유는 철 성분을 많이 함유하고 있기 때문. 햇볕에 달구어진 모래에 다리와 온몸을 파묻고 있으면 신경통과 각종 부인병에 효험이 큰 것으로 알려져 있다. 특히 매년 음력 4월 중순이 되면 검은빛의 모래가 유난히 검게 보인다 하여 '검은 모래 눈 뜨는 날'로 지정되어 있다.

add _ 여수시 만흥동 | **tel** _ 061-690-7547
web _ 전남해변정보사이트 www.namdobeach.go.kr

교동시장

여수 교동시장은 다양한 볼거리, 살거리, 먹을거리, 즐길 거리가 많은 전통시장이다. 돌산 갓김치와 같은 각 지역의 특산품 브랜드를 보유한 여수 대표시장으로 1km 내 돌산대교, 돌산공원, 진남관, 영등천 등 주변 관광자원과 연계가 가능하다는 장점이 있다. 또 새벽시장과 야시장 운영, 풍물장터 등 다양한 문화 콘텐츠로 활용하고 있다. 밤이 되면 교동시장골목으로 포장마차가 줄지어 열려 여수포장마차거리라 불리기도 한다.

add _ 여수시 교동 605-44 | **tel** _ 061-666-3778

금오도

여수사람들 열의 아홉은 여수를 대표하는 볼거리로 금오도를 추천한다. 명성황후가 사랑한 섬으로 사슴목장을 만들어 사람의 출입과 벌채를 금했으며, 예로부터 궁궐을 지을 때 쓰이는 소나무를 기르고 가꾸던 섬이다. 금오도엔 제주도 올레길과 같은 '비렁길'이라는 트레킹 코스가 유명한데, '비렁'은 벼랑의 여수 사투리로 금오도 섬 가장자리 벼랑을 따라 만들어 놓은 길이다. 바다를 보며 걷는 트레킹코스로 걷는 걸 좋아하는 뚜벅이족들과 등산객들에게 보물로 불리는 곳이다. 비렁길 코스는 총 5코스로 코스 당 1~2시간 소요된다.

add _ 여수시 남면 심장리 | **tel** _ 061-664-9133
web _ 여수문화관광 www.ystour.kr

돌산대교

여수의 환상적인 야경을 만들어주는 백미! 여수에서 빼놓을 수 없는 명소로 밤이 되면 교각 기둥에서 펼쳐지는 형형색색의 조명이 여수밤바다 위로 그림처럼 그려진다. 여수시내와 돌산도를 잇는 길은 450m의 다리로 '큰 사랑 큰 그리움이 다리가 되어 놓였네'라는 염원이 담겨있다. 이순신장군 광장에서 돌산대교를 향하는 길은 밤이 되면 여수밤바다의 이국적 정취를 느끼려는 관광객들의 발길이 이어진다.

add _ 여수시 돌산읍 우두리 816 | **tel** _ 061-690-2036

서시장

수산물과 의류를 취급하는 전통시장이다. 여객선터미널과 수산업협동조합 공판장과 가까운 거리에 있어 싱싱하고 다양한 수산물들이 거래된다. 등록점포는 총 207개, 1일 이용객은 약 5,000명에 이른다. 서시장 안에 있는 풍물거리는 싱싱한 생선과 횟감을 살 수 있어 관광객들에게 인기가 좋다. 또한 돼지머리고기와 족발, 곱창전골을 파는 먹을거리 골목에선 푸짐한 인심도 느껴볼 수 있다.

add _ 여수시 서교동 280 **| tel _** 061-642-6720

진남관

여수의 중심. 종묘, 경회루와 함께 단일 건축으로는 우리나라 최대 크기의 목조건축물로 꼽힌다. 임진왜란 때 충무공 이순신 장군이 전라좌수영의 본영으로 사용하던 곳으로 왜구들로 인해 피폐해진 국토와 백성들을 생각하는 옛 선조들의 염원이 담긴 이름이다. 진남관은 여수에서 유일하게 국보로 지정된 곳으로, 1963년 보물로 지정이 되었다가 2001년 국보로 승격된 이력을 가지고 있다.

add _ 여수시 군자동 472 **| tel _** 061-690-7338

마래터널

일제 강점기에 맨손으로 자연 암반을 깎아 말굽형식으로 시공한 국내 유일 자연 암반터널이다. 과거에는 군사도로로 사용되다가 지금은 만성리 해수욕장과 여수 시내를 이어주는 역할을 한다. 마래터널은 차선이 하나밖에 없으며, 반대편에서 들어오는 차량과 만나면 터널의 110미터마다 마련된 대피시설로 피해야한다. 서로 양보하지 않으면 터널을 통과할 수 없는 점이 흥미롭다. 터널을 나가는 동안 숨을 참으며 소원이 이루어진다는 이야기가 전해진다.

add _ 여수시 만흥동

벽화거리

여수엑스포를 앞두고 조성된 벽화거리로 여수를 찾는 사람들에게 또 하나의 볼거리를 제공한다. 이곳은 1,004m, 7구간으로 나뉘는데, 길은 각각의 테마를 가지고 있어 귀여운 아기자기한 벽화부터 통통 튀는 유머러스한 페인팅까지 편안하게 둘러보기 좋은 곳이다. 낮보단 날이 좀 어두워진 저녁에 돌아보길 권한다. 벽화거리 높은 골목에선 돌산대교와 여수바다 야경도 감상할 수 있다.

add _ 여수시 중앙로 주민자치센터 중앙2길

통영 게스트하우스 1호점

행복한 게으름뱅이가 되는
마력의 공간

통영 연명마을을 아는가! 환상적인 노을로 유명한 달아공원이 있는 연명마을은 계절마다 시간대가 조금 다르긴 하지만 적어도 오후 5시 전엔 준비해야 제대로 된 일몰을 볼 수 있다. 통영 1호점은 최대인원이 열 여섯 명 정도. 정말 가족 같은 아늑한 분위기다. 주변에 먹을 만한 식당이 없어 게스트들끼리 장을 보고 만들어 먹는 식사는 이곳만의 특별한 추억. 연명마을의 시골 풍경은 통영의 그 어떤 관광지보다 평화로우니, 옛 시골풍경이 그리운 여행자는 무조건 1호점으로 가자! '연명마을 입구'가 아닌 다음 버스정거장 '연명마을'에서 내려야 한다.

1 통영 1호점 게스트하우스의 외관.
2,6 마당 안 쪽으로는 작은 텃밭과 '통'이라는
흰 진돗개가 있다. 다녀간 게스트들이 그려준
벽화와 버려진 나무판으로 지은 삼각형의
통이 집이 재밌다.
3 아담한 통영 1호점 도미토리 방안.
4 여행자들이 널어놓은 빨래들이 마당
빨래 줄에 대롱대롱 달려있다.
5,7 외부에 독립형으로 지어진 화장실.
여자 도미토리 방엔 화장실이 따로 있다.

add _ 통영시 산양읍 연화리 370번지
　　　연명마을
price _ 도미토리 2만원
in & out time _ 3시 · 10시
meal _ 식빵, 달걀, 잼, 커피 제공
tel _ 010-4236-0004,
　　　070-4126-0004(1호점)
　　　070-8835-0004(2, 3호점)
web _ www.tyguesthouse.com

바다가 보이는 어촌 마을에 가다

통영 게스트하우스는 달아공원으로 유명한 연명마을 안에 있다. 시내에서도 한참을 들어가야 하는데 버스 배차 간격은 또 어찌나 띄엄띄엄인지 터미널 근처 버스 정류장에서 사십 분을 넘게 기다렸다. 택시 기사님들은 누가 봐도 여행자인 내 차림새를 보고 "버스 느리니 그냥 택시 타요."라며 호객 멘트를 날렸다. 하지만 저에게 남는 건 시간뿐이랍니다. 사십 분이 지나 드디어 버스가 왔고 나는 창가에 앉았다.

핑크색 원피스에 핑크색 트렁크를 끄는 한 여자가 버스에 오르더니 내 앞자리에 앉았다. 그녀가 앉자마자 버스는 출발했고, 그녀의 트렁크도 출발했다. 대각선을 그리며 트렁크는 빠른 속도로 굴러갔다. 조신하게 앉아 있던 핑크 원피스 그녀가 빛의 속도로 일어나 트렁크를 낚아채며 마치 예상한 몸짓으로 트렁크가 굴러간 바로 앞 의자에 턴을 해서 앉았다. 아무 일 없었다는 듯. 그녀의 운동 신경에 감탄하고 있을 때 어르신들이 단체로 탑승했다.

그녀와 나는 자리에서 일어났고 트렁크를 부여잡고 버스손잡이에 매달렸다. 그리고 몇 정거장 후 그녀가 내 옆 손잡이로 오며 말을 걸었다. "연명마을 가세요?" 그녀도 오늘 통영 1호점에 머문다고 했다. 그녀는 오늘부터 여행을 시작한 간호사였다. 10일 동안 휴가를 달라며 협박하듯 선포하고는 그냥 나와 버렸다고 했다. 그동안 월차도 한번 못 쓰고 일했으니 그만두라하면 그만두겠다는 심정으로 휴가를 떠난 것이다. 오랜만의 여행이라 설렌다는 그녀와 이런저런 이야기를 주고받다보니 사십분이 흘러 연명마을에 도착했다.

연명마을은 정말 시골이었다. 이런 시골마을은 정말 오랜만이다. 버스정류장 아래쪽으로 마을이 자리하고, 바로 뒤로 바다가 보인다. 좁은 골목길로 여자 둘이 트렁크를 끌고 가니 동네 할머니 할아버지들이 묻지도 않았는데 손짓으로 알려준다. 다들 우리가 어디로 가는지 아시는 모양이다. "바닥에 화살표를 따라가면 돼." 집 옥상에서 빨래를 걷던 어르신이 우리를 내려다보며 말한다. 화살표? 정말이다. 바닥을 보니 화살표가 그려져 있다. 빨간 화살표. 우린 헨젤과 그레텔처럼 땅에 그려진 화살표를 따라 걸었다. 내리막길로 내려와 코너를 한번 도니 화살표가 끝나는 지점에 정말 통영 게스트하우스가 있었다. 8절 스케치북만한 나무 간판 안으로 연기가 모락모락 나고 있었다.

게스트하우스를 감싸 안은 끝이 뾰족뾰족한 나무 울타리 안으로 들어서니 발 아래로 그려진 '보름달과 소원을 말해봐'라는 문구가 귀엽게 인사한다. 마당 한쪽 벽엔 스폰지밥 캐릭터들이 기분 좋은 색들로 그려져 있고, 마당 안쪽엔 딱 마당크기만한 게스트하우스 건물이 있는데, 한옥지붕에 벽체는 깔끔한 살구빛 타일로 마무리되어있다.

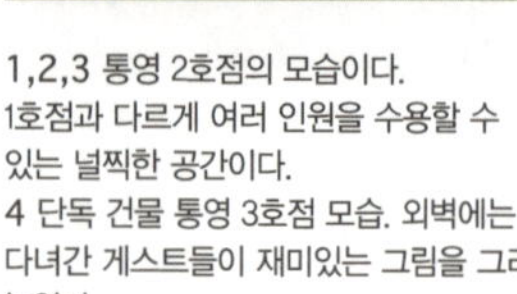

1,2,3 통영 2호점의 모습이다.
1호점과 다르게 여러 인원을 수용할 수
있는 널찍한 공간이다.
4 단독 건물 통영 3호점 모습. 외벽에는
다녀간 게스트들이 재미있는 그림을 그려
놓았다.

마당엔 먼저 온 여행자 대여섯 명이 걸터앉아 있었다. 그 옆 모락모락 연기가 나는 쪽으로 어떤 아낙네 차림의 주인 포스를 풍기는 여성이 고기를 장작나무에 굽고 있었다. 그리곤 인사하는 우리의 입에 갑자기 고기를 한 점씩 마구 쑤셔 넣어준다. 통영식 인사인가. 고기가 얼마 안 남았다며 지금 안 먹으면 아예 맛도 못 볼 수 있다는 말과 함께 예고 없이 입 속에 고기를 넣어주는 바람에 난 버스에서부터 씹던 껌을 함께 삼켜 버렸다. 하지만 그녀의 고기는 정말 맛있고 반가웠다. 어디에서도 이런 환대를 받은 적이 없는데 왠지 통영에서의 여행이 재밌어질 것 같은 예감이 들었다.

통영 1호점의 잘생긴 뽀글머리 스태프가 알려준 방으로 간호사 언니와 들어가 남은 침대에 짐을 풀었다. 이곳은 크게는 두 곳으로 분리되어 있는데 각각 작은 쪽방이 하나씩 있다. 두 공간 중 하나는 그날 묵은 여자들이 쓰는 6인실이고, 또 다른 쪽에는 남자 도미토리와 공용주방이 있다. 오손도손 모여 담소를 나눌 수 있는 아늑한 공간이다.

우리가 오자마자 식사가 시작됐다. 게스트들끼리 시내당구장에서 내기를 해 마련된 저녁식사라고 했다. 그날 통영 1호점에 묵었던 열두 명은 마주보고 앉아 이야기를 나눴다. 남의 여행이야기만큼 재밌는 것도 없다. 해가 지고 모두 마당으로 나와 둘러앉았다. 입구에는 진달래꽃이 피어있고, 게스트들이 버려진 판자로 만들어준 개집에 흰 진돗개 통이가 편안하게 누워있다. 날 바라보는 통이 얼굴에 눈썹이 그려져 있다. 꼭 한명씩 저런 사람 있다. 근데 이상하게 통이랑 잘 어울린다. 왠지 사람처럼 표정이 다양해 보인달까.

날이 저문 연명마을은 모기소리마저 요란하게 느껴질 만큼 고요했다. 평소 날이 좋으면 밤하늘의 별도 요란하다는데 오늘은 별 대신 보름달이 되려는 달이 하나 분위기 있게 떠올랐다. 11시쯤 되었을까. 하나둘 안으로 들어가고 남은 여행자들은 못다한 이야기를 풀기위해 동네에서 유일하게 밤에도 떠들 수 있는 공간. 등대로 향했다. 며칠 먼저 머문 여행자들이 마치 동네사람처럼 익숙한 걸음으로 우릴 인도한다. 외로운 등대 위 외로운 달 하나 그 아래 외로울 틈 없는 우리는, 여행 이야기 아니 사는 이야기들을 시끄럽게 꺼내 놓았다.

다음날, 부지런한 우리 방 언니들은 소매물도에 간다며 이른 아침 나가고, 난 여자 스태프와 마당 청마루에 누웠다. 어제 왔는데 이건 뭐 벌써 익숙해져 벌렁벌렁 아무데나 눕게 만든다. 조금 뒤 하나 둘 일어난 사람은 마당으로 나와 여기저기에 걸터앉는다. 오늘 새벽같이 남해로 간다는 두 명의 남자여행자는 벌써 나간 모양이다.

쨍쨍 유난히 뜨거운 통영 시골마을. 다들 자기 얼굴에 붙은 파리 한

1,2,3 미륵산 케이블카에서 내려 30분 정도 정상으로 올라가면 산 아래로 다도해 조망이
펼쳐진다. 정상에 서면 통영 앞바다가 왜 '한국의 나폴리'라는 수식어를 갖게 되었는지
알 수 있다.
4 우리나라에서 가장 긴 케이블카로 미륵산과 통영 시내를 잇고 있다.
5,6 미륵산 입구에 있는 소원성취 분수. 분수 가운데 있는 소망바구니에
동전을 골인시키면 소원이 이루어진다고 한다. 던져진 동전은 불우이웃을 위해 쓰인다.
7 연명마을 곳곳에 피어있는 양귀비꽃.

마리 쫓기 싫은 게으른 얼굴로 마당에 널부러져 있자 사장님이 빙수 먹으러 가잔다. 연명마을에 단 하나 존재하는 카페가 있는데 커피도 맛있단다. 커피? 빙수? 우린 벌떡 일어났다.

어제 내린 버스정류장 바로 앞 '커피 이야기'라는 카페였다. 어제 왜 못 봤지? 커피 이야기는 이 시골마을과 무척 어울리지 않게 커피에 대단한 자부심을 가진 부부가 운영하는데, 직접 로스팅도 하고 핸드드립도 한다. 주문한 핸드드립 커피를 내려놓으며 원산지와 언제 로스팅한 원두인지 간략한 커피 정보도 잊지 않는다. 서울에서라면 그냥 그러려니 했을 텐데, 이런 시골마을에 이런 카페가 있다니. 왠지 보물을 찾은 기분이 든다.

부지런한 여행자도 한없이 게을러지는 곳

오늘 통영 미륵산 케이블카를 타러 가려는데 2호점이 케이블카 바로 앞에 있다며 주인아저씨와 스태프들이 2호점으로 같이 가자한다. 다시 짐을 챙기러 숙소에 돌아오니 통영의 나른함에 빠진 건 나 혼자가 아닌 모양이다. 남해로 새벽에 간다던 두 명이 여태 자다 지금 일어난 거였다. 과연 그들은 오늘 남해로 갈 수 있을까. 도착한 2호점은 1호점의 느낌과 정 반대였다. 1호점이 소박한 가정집 느낌이라면 케이블카 바로 아래 건물 3층에 자리한 2호점은 단체도 수용할 만큼 규모가 컸다. 그 맞은편 단층 건물엔 가족 여행자를 위한 3호점도 자리해있는데 원색으로 칠해진 벽화는 그림 좀 그린다는 여행자들이 머물며 그려준 선물. 벽화 아래 "길 위에서 만나 함께 그리다." 라는 문구가 마음을 울린다.

2호점에서 조금 올라가 나오는 통영 미륵산 케이블카를 탔다. 평일이라 사람이 없어 나 홀로 동그란 유리방 안에 앉았다. 케이블카에서 내려 30분 정도 등산 코스를 따라 오르면 미륵산 정상에 다다르는데, 미륵산 정상에선 사방으로 통영 시내부터 먼 바다까지 볼 수 있으니 케이블카만 타고 가지 말고 꼭 정상도 들러보길 추천한다.

2호점으로 돌아오니 스태프들과 주인 아저씨가 거실에 누워있다. 나도 거실 한 편에 조용히 누웠다. 통영여행을 달랑 케이블카로 마치고 나는 어제도 오늘도 눕기만 한다. 전국에서 가장 아름답다는 소매물도도 여행자의 필수 코스 동피랑 벽화거리도 전부 다음을 기약하며……. 통영 게스트하우스는 부지런한 여행자를 게으름뱅이로 만드는 마력이 숨어있다. 다시 한 번 말하지만 내가 게을러서가 아니다. 여기가 문제다. 행복한 게으름뱅이로 만드는 이곳. 통영이 문제다.

여행자 전문 고민상담사

그는 마라토너다. 까무잡잡한 피부에 안경. 꾸준한 마라톤으로 단련된 몸. 얼마 전 긴 머리를 싹둑 자르고 펌을 했다. 내가 머물면서 발견한 사장님의 특징은 웃을 때 우는 것 같다는 점이다. "허어어어흐흑흑…"으로 끝나는 매력적인 웃음 때문에 들은 이야기보다 그 소리가 재밌어 웃음이 난다.

통영 1호점 입구를 따라 낙서가 가득 적힌 타일의 글을 하나둘 읽어보니 대부분이 사장님 이야기다. 그 글들은 사장님이 곧 오십대가 된다는 점과 밀가루 알레르기가 있다는 걸 알려준다. 그런 흔치 않은 체질이 이곳 통영에도 있다니. 그래서 여행자들은 사장님에게 백퍼센트 통감자칩 과자만 선물한다. 작년 이맘때 모든 것에 지쳐 있던 사장님은 일을 쉬고 가족에게 선포했다. 두 달간 여행을 하고 오겠다고. 그리고 무작정 제주도로 떠났다. 2주간 370km를 뛰었다. 달릴 때 그의 머릿속 고민들은 오로지 도착 지점. 그것만이 유일한 고민거리였다. 제주여행을 마치고 육지여행 3주차에 접어들던 그는 통영을 만나게 된다. 바로 그때 예전부터 생각만 하고 있던 게스트하우스가 머리를 스친다. 왠지 게스트하우스라면 잘할 수 있을 것 같은 막연한 생각이 들었다. 그래 이거다.

그는 같이 내려가서 함께 살자고 했고 부인은 갈 수 없다고 했다. 그리고 결국 매일 통화하고 자주 오겠다는 약속 끝에 마지못해 허락이 떨어졌다. 내가 머무는 동안 사장님은 자주 사모님과 통화하셨는데, 주말 부부라 그런지 왠지 애틋해 보였다. 그는 게스트하우스를 오픈하고, 고민으로 시작했던 자신의 두 달간의 여행을 떠올리며 찾아오는 여행자들의 고민 상담도 자처한다. 게스트하우스 주인보다는 여행자 전문 고민 상담사처럼 느껴지기도 한다.

사람이 좋아 통영이 좋아 게스트하우스를 시작한 이곳에서 행복하게 늙고 싶다는 그. 그의 웃음소리가 벌써부터 그립다. 그리고 끝으로 사모님. 혹시 보고 계신가요. 사장님이 전해달랍니다. 사랑한다고. 고맙다고. 그리고 저도 고맙습니다. 사모님의 힘든 결정 덕에 통영에 제 아지트가 생겼으니까요.

하이버디 게스트하우스

2012년 7월에 오픈한 따끈따끈한 게스트하우스. 깔끔하게 꾸며졌으며 통영 여행 정보를 제공한다. 가족 같은 분위기를 지향하는 곳으로 통영항이 마주 보이는 곳에 자리하고 있다.

add _ 통영시 봉평동 22-3번지
price _ 도미토리 2만원
meal _ 토스트, 커피 제공
tel _ 010-8514-5051
web _ cafe.naver.com/hibuddyguesthouse

자유로운 그들 통영에 오다

그날 통영 1호점엔 나를 포함해 모두 열두 명이 머물렀다. 스쿠터를 타고 여행 중인 태우, 경찰 시험 준비 중 너무 답답해 뛰쳐나왔다는 성한 오빠와 기타를 치는 원일이. 대학원에서 심리학을 공부하는 언니, 그리고 동갑내기 공무원, 보컬 상은 언니, 1호점 미남 스태프와 2호점 미녀 스태프, 그리고 나나 언니, 버스에서 만난 간호사 언니, 주인아저씨 나까지 모두 열두 명. 아, 통이까지 열셋이다.

만화 같은 그녀의 이름은 더욱 만화 같은 나나. '길 위에서 길을 찾다' 라는 여행 블로거다. 주인아저씨가 두 달 여행을 할 때 제주도에서 우연히 만난 것을 인연으로 얼마 전 이곳에 왔다. 주인아저씨와 친분이 있어서인지 몰라도 영락없는 주인 아니 주민의 포스가 가득하다. 어제 내 입에 고기를 마구 넣어주던 장본인도 바로 그녀다. 얼마 전까지 그녀는 초등학교에서 아이들을 가르쳤다. 아니 아이들이 그녀를 가르친 게 분명하다. 엉뚱한 그녀의 매력은 양파처럼 까도 까도 끝이 없다. 그녀는 지금, 이곳 통영에서 또 다른 길을 찾고 있는 중이다.

원일이와 성한 오빠의 만남은 이러했다. 성한 오빠가 게스트하우스에 처음 온 날 저녁 동네 바다를 서성이는데, 웬 남자가 등대에 앰프를 설치해 두고 아무도 없는 등대에서 기타를 치며 노래를 부르고 있는 거다. 호기심에 다가가 물었단다.

"대체 앰프까지 두고 왜 거기서 노래하고 있어?"

"그냥…주변 물고기들 들려주려고…".

밴드 활동을 하고 있는 그는 통영에 머무는 동안 작곡한 곡을 우리에게 불러줬다.

"일상에 지쳐버린 텅 빈 내 마음, 가끔씩 나도 몰래 찾아오곤 해. 익숙한 시간 속에 텅 빈 내 마음, 어느새 잊혀져가는 꿈이 그리워. 언제나 꿈꿔오던 자유로운 나를 찾아 날아."

쓸쓸한 것 같으면서도 설레는 멜로디. 자신의 이야기를 잘 하지 않던 그의 노래가 미세한 감정들을 실어 날랐다. 기타를 움켜잡고 노래하는 모습이 참 행복해 보인다.

통영 게스트하우스 마당에 벽화만큼이나 예쁘게 자리한 파란색 스쿠터가 탐나 누구 것인지 물으니 한 남자가 손을 든다. 웃는 모습이 너무 예쁜 태우였다. 귀농이 꿈인 그는 그동안 자신의 꿈과는 다른 일을 하며 살았다. 계획에 맞춰 여행하는 것보다 마음 가는 쪽으로 어디든 훌쩍 떠나는 여행이 좋아 스쿠터 여행을 시작했다. 뜻하지 않은 곳에서 좋은 인연들을 만나는 요즘 참 행복하다고. 얼마 전 다녀온 제주에 반해 내일이면 또 제주로 갈 거란다. 바람을 맞으며 스쿠터로 달리는 제주는 정말 최고라고. 얼마 전 그에게 연락이 왔다. 자신의 꿈을 이뤘다고. 제주 여행 중 좋은 분을 만나 농사를 배우며 살고 있단다. 추석 때 직접 수확한 귤 한 박스를 보내주겠다고. 처음엔 바다를 닮은 새파란 그의 스쿠터가 탐났다. 그리고 지금은 그의 여행과 용기가 탐난다. 벌써부터 그의 귤 맛이 궁금해진다.

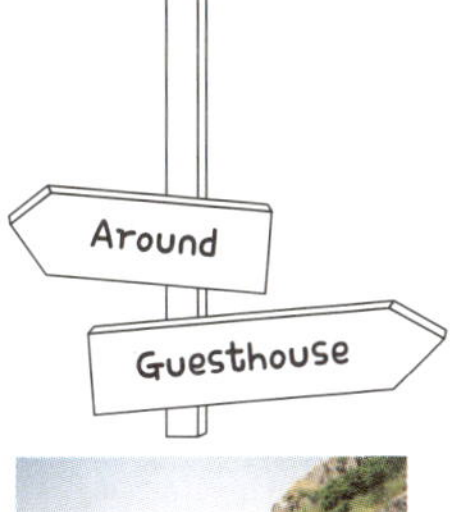

미륵산

해발 461m인 미륵산은 울창한 수림 사이로 맑은 물이 흐르는 계곡이 있고 갖가지 모양의 기암괴석과 바위굴이 있어 100대 명산 중 하나로 꼽힌다. 봄엔 진달래, 가을엔 단풍이 빼어나다. 산 아래로 다도해 조망이 아래로 펼쳐지고, 청명한 날에는 일본 대마도가 보인다. 통영 앞바다가 왜 '다도해'로 불리는지 실감날 정도로 섬과 섬이 겹쳐지며 만들어내는 경관이 매우 빼어나다.

add _ 통영시 봉평동 | tel _ 055-640-5371 | web _ tour.tongyeong.go.kr

통영 미륵산 케이블카

국내에서 가장 긴 케이블카. 8명씩 태워 나르는 둥근 모양의 케이블카는 내가 타본 케이블 중 가장 빠른 속도였다. 올라가면서 보이는 한려수도 조망은 통영이 왜 한국의 나폴리라는 수식어를 갖게 되었는지 알게 해준다.

tel _ 통영관광개발공사 1544-3303 | web _ www.ttdc.kr

연명마을 커피이야기

연명마을 유일무이한 카페. 커피에 대한 철학이 뚜렷한 부부가 운영하는 곳으로 직접 로스팅한 원두로 내린 핸드드립 커피도 맛볼 수 있다. 특히 연명마을과 통영 바다가 동시에 내려다보이는 카페테라스는 이곳의 자랑인데, 테라스에 앉아 커피를 마시노라면 앞으로 펼쳐지는 근사한 전망을 즐길 수 있다.

add _ 통영시 산양읍 연화리 437-1
price _ 아메리카노 3천원 , 핸드드립 4천원 떡와플 4천원

소매물도

우리나라에서 가장 아름다운 섬으로 손꼽힌다. 하루 두 번 소매물도와 등대섬 사이 50m의 바닷길이 열려 걸어서 아름다운 등대섬에 갈 수 있다. 눈이 시리도록 짙푸른 바다 위 우뚝 선 절벽, 외로이 서있는 등대, 파도가 부딪치며 뿜어내는 물보라가 장관을 이룬다. 물때 열리는 시간이 항상 다르니 확인하고 움직이도록 하자.

add _ 통영시 한산면 매죽리 소매물도 | tel _ 055-644-5877
web _ 통영문화관광 tour.gnty.net,
        한솔해운여객 (물 때 시간과 배 운항 시간 확인 가능) www.nmmd.co.k

달아공원

다도해 풍경을 한 폭의 그림으로 감상할 수 있는 곳. 이름을 갖지 못한 작은 바위섬에서부터 대·소장재도, 저도, 송도를 포함한 수십 개의 섬이 한눈에 들어온다. 달아라는 이름은 지형이 코끼리의 아래위 어금니와 닮았다고 해서 붙여진 이름인데, 전망 좋은 이곳의 특성상 지금은 달 보기에 좋은 곳이라는 쉬운 의미로 받아들여지고 있다. 통영 사람들은 보통 '달애'라고도 부른다.

add _ 통영시 산양읍 연화리 114번지 | tel _ 055-650-4681

피터팬 게스트하우스

피터팬 증후군이 모이는
진짜 피터팬이 사는 집

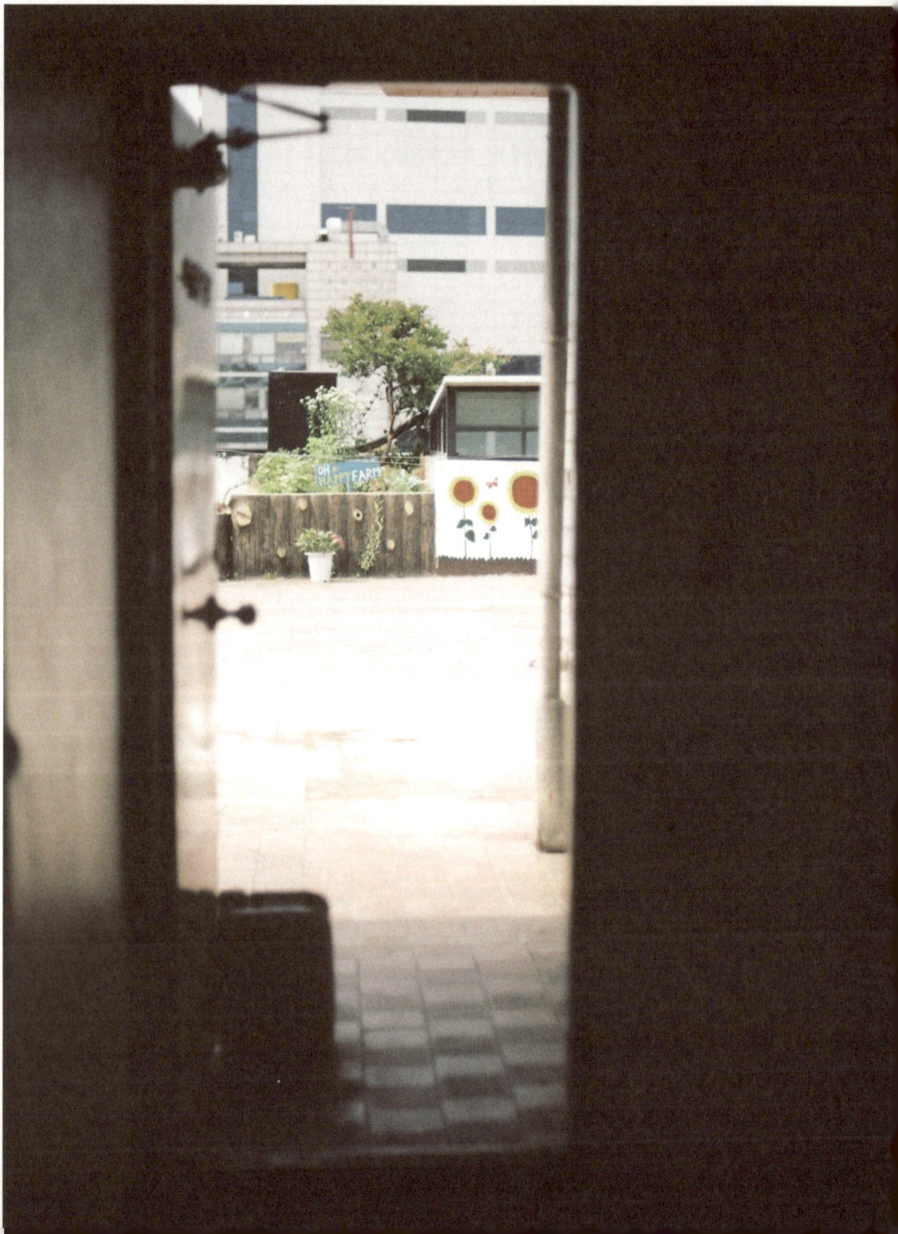

Writer's Comments

전국에 단 하나 있는 옥상 게스트하우스. 옥상에서 내려다보이는 대구 시내 모습과 옥상에서만 누릴 수 있는 깨알 같은 여유는 피터팬 게스트하우스에 머무는 여행객들만의 특권이다. 별 다섯 개의 위치를 자랑하는 피터팬 게스트하우스는 대구 시내인 동성로 맞은편. 노보텔 근처에 자리해 있어 밤늦게까지 밝은 시내거리 덕에 야경 구경하기도 좋다. 특히 걸어서 20분 정도면 운치 있는 대구 밤거리로 유명한 김광석 거리에 다다를 수 있다. 가끔 기분이 좋으면 대구 토박이 주인장이 게스트들을 통솔해 단체 시내 구경을 나가는데 그는 그동안 당신이 알고 있던 것과 완전히 다른 대구를 만나게 해준다! 피터팬 증후군 아니 피터팬 주인장이 사는 그곳에서 우리도 피터팬이 되어 머물러보자.

1 옥상 문을 열면 피터팬 게스트하우스가 모습을 드러낸다.
2,3 낮은 담으로 둘러 싸인 옥상 마당엔 해바라기와 피터팬 그림이 그려져 있고,
주인장이 게스트들과 나눠 먹으려고 심은 상추도 있다.
4,5 남자 혼자 청소한 것 같지 않은 깨끗한 도미토리 방과 간단한 조리가 가능한 주방.
6 낮에는 햇볕이 쏟아지는 빨랫줄에 빨래를 널 수 있고, 저녁엔
시원한 평상에 모여 여행자들이 이야기꽃을 피운다. 옥상 마당은 피터팬의 자랑이다.
7 귀여운 샤워 커튼이 미소짓게 만드는 깔끔한 화장실.

add _ 대구시 중구 문화동 6-13
오리온 사우나 건물 6층(옥상)
price _ 도미토리(6~4인실) 2만원
2인실 4만원~4만5천원
in & out time _ 2시 · 11시
meal _ 식빵 잼 우유 & 주스(가끔 인원이
많으면 한식, 주인장 마음대로)
tel _ 010-4023-7982
web _ cafe.naver.com/daeguguesthouse

대구 시내 한복판에 있는 옥상 게스트하우스

피터팬. 영원히 어른이 되지 않는 소년! 피터팬 게스트하우스엔 영원히 어른이 되지 않길 바라는 여행자들이 모인다. 일명 피터팬 증후군. 동대구 고속버스터미널에 도착했을 땐 이미 날이 저물어가고 있었다. 대구 지하철 중앙로역으로 나와 노보텔 옆길로 조금 들어가면 보이는 찜질방 건물 꼭대기 층이 피터팬 게스트하우스다. 이 쉬운 길을 그날 따라 못 찾고 빙빙 돌다 겨우 찜질방이 있는 건물 앞에 도착했다. 엘리베이터에 몸을 싣고 무조건 제일 위층 버튼을 꾹 눌렀다. 하지만 문이 열리자 보이는 꼭대기 층은 게스트하우스가 아니라 찜질방이다. '분명 찜질방 꼭대기 층이라고 했는데……' 앞쪽으로 향한 계단으로 용기 내어 한층 더 올라가니 옥상 출입문이라고 적힌 문이 열려있었다. 옥상 게스트하우스였다.

사실 내 고향은 대구다. 물론 세 살 때까지만 살아서 기억은 없지만 친척들이 많이 살고 있어 일 년에 한두 번은 대구에 간다. 그래서 대구 여행은 아무 자료도 없이 무작정 떠났다. 물론 이곳 피터팬에 대한 정보도. 출입문으로 들어서자 영화의 페이드인 되는 장면처럼 어두운 작은 문에서 확 트이는 옥상공간이 나온다. 옥상이었구나. 옥상 게스트하우스는 처음이다. 옥상 가운데 놓인 테이블 위에서 몇 명의 게스트들이 고기를 구워먹고 있다.

내가 등장하자 시선이 일제히 나를 향했다. 인사를 하며 사장님이 누구인지를 한 명 한명 살폈다. 사장님은 게스트하우스 주인이 아닌 고기집 주인처럼 그릴 앞에 서 있었다.

"식사 안 했으면 같이 먹어요~. 방에 짐 두고 나와요~."

숯불에 비친 사장님의 빨간 얼굴이 말했다. 옥상 마당 출입문 옆으로 난 시원한 코발트 블루 색상의 현관문 안으로 들어가니 연두색 문 네 짝이 마주보고 있는 아담한 거실이 나왔다. 거실 중앙엔 동그란 유리테이블이 하나 있고, 그 뒤쪽으로 주방의 모습도 보인다. 방문에 그려진 피터팬이 의젓하게 팔짱을 끼고 날 내려다보며 '너도 피터팬이냐?' 말하는 것처럼 보였다.

방문을 뺀 나머지 공간은 문 색과 마찬가지로 손바닥 만한 연두빛 꽃들이 잔뜩 박혀있는 벽지였다. 오늘 내가 묵을 방은 피터팬 바로 옆방 팅커벨 방이다. 두 개의 침대 위 말끔하게 각 잡힌 이불이 보인다. 요정의 여성스런 느낌의 분홍색과 피터팬을 짝사랑하던 시샘이 담긴 파랑색이 섞인 침구였다. 문 옆으론 게스트하우스를 하기 전부터 있었던 것 같은 벽면 가득한 거울이 붙어있고, 오른쪽 침대 머리맡으론 옥상으로 난 작은 정사각형 창이 있다. 난 대충 짐을 풀어두고 나갔다.

1 거실에 들어가면 바로 앞 방문에 피터팬의 의젓한 모습이 보인다.
2,3 제일교회에서 내려가는 3.1 운동 계단.
4,5 한국의 3대 성당인 고딕 양식의 아름다운 계산 성당 외관과 내부 모습.

'선생님'과 '타임'으로 통하는 유쾌한 수다

"선생님! 이리로 오세요." 사장님이 말했다. 선생님? 너무 정감없고 불편한 호칭이다. 근데 이곳에서는 원래 서로가 서로에게 선생님이라는 호칭을 쓰는 모양이다. 전부 너도 나도 할 것 없이 선생님에서 선생님으로 통한다. 그날 내 앞에 앉아있던 두 달이나 머물렀다는 장기 투숙객에게도 선생님이라니 말 다했다. 근데 호칭만 선생님이지 다른 말들은 반말보다 더하다.

배꼽까지 오는 낮은 담이 옥상을 감싸고 있는데, 담벼락엔 피터팬과 잘 어울리는 귀여운 해바라기들이 잔뜩 그려져 있고 마당 중간 중간 심어진 꽃들과 상추가 이상하게 이곳과 잘 어울린다. 이곳은 시내 큰 건물들 사이 낮고 조촐한 옥상인데, 앞을 보면 높은 빌딩들이 우뚝우뚝 솟아있다. 옥상인데 내려다보는 게 아니라 올려다본다. 그 또한 피터팬과 잘 어울린다.

유난히 무더운 대구의 여름밤, 시원한 옥상 테이블에 자리를 만들어 모였다. 두 달 머무른 장기투숙객 통통한 남자와, 미술 좋아하는 대전 오빠, 인천공항에서 일하는 23살 남자여행자, 서울에서 온 양호사 언니, 양호사 언니의 친구, 피터팬 사장님 그리고 나까지 모두 일곱 명이었다. 선생님이란 호칭보다 적응이 안됐던 하나는 "타임~!" 이라는 그들의 외침이었다.

그리고 이들은 무슨 말만 나오면 손가락을 모두 하늘로 뻗은 수직으로 세운 오른손 바닥에 수평으로 누인 왼손을 붙이며 "타임타임~! 그건 아닌 것 같은 데요, 선생님?" 이런 대화를 오 분에 한 번씩은 날렸다. 나와 인천공항에서 일한다는 23살짜리 친구 말고는 전부 30대인데 이상하게 그들의 대화는 뭔가 초딩같다고 해야 할까. 어딜가나 적응력이 뛰어난 나지만 그 분위기는 당최 적응하기 어려웠다. 서로가 서로에게 좀 불편한 이야기를 할라치면 호들갑스럽게 말한다.

"타임타임~! 선생님 내 말 좀 들어봐요."

"타임타임~ 왜 그러시는 데요."

"타임타임~!!!! 둘 다 뭐 때문에 그러는데"

발표하기 전 손 들면서 '저요 저요' 하듯 그들의 대화 앞엔 꼭 저 단어가 붙었다. 두 손을 크로스해 만드는 동작과 말투 때문에 한참 웃었지만, 나도 타임이라고 하면서 말해야 하나. 여긴 대체 뭐지. 내 머리 속은 그들의 대화가 아닌 타임이라는 한 단어만 맴돌았다. 그리고 조금 뒤 고기를 잘 못 써는 사장님이 "이거 내가 썰어보면 안 될까?" 하며 칼을 들자, 나를 포함한 여섯 명의 여행자들은 동시에 소리쳤다. "타임~~~!!!"

그렇게 타임으로 시작한 식사는 타임으로 끝났다. 밥을 먹고 야경으로 유명한 대구 김광석 거리로 향했다. 길을 잘 몰라 나오기 전 물어보니 맘씨 좋은 사장님이 한사코 따라 나오신다. 가는 길목에 위치한 방천시장은 옛 모습이 그대로 남아있다. 방천시장은 한때 점포가 천 개에 달하는 큰 시장이었지만, 이젠 60여 개의 점포도 채 남지 않은 조용한 시장이 되어버렸다. 점포가 하나하나 떠나면서 빈 가게가 남겨진 이곳으로 언제부턴가 예술가들이 몰려들기 시작했다. 예술을 통해 시장으로 발걸음을 돌리게 하기 위한 프로젝트 때문이었다. 그렇게 방천시장은 예술가들의 감성과 시장상인들의 소박한 생기가 함께 공존하는 곳으로 변하였다.

방천시장 길을 통해 바로 보이는 김광석 거리는 김광석의 앨범을 테마로 구간별로 그림을 그려놓은 벽화거린데, 한 벽마다 한 노래를 예술가들이 자유롭게 해석해서 그렸다. 거리 벽엔 김광석의 노랫말들이 잔잔하게 씌여 있는데 마치 거리에서 노래 소리가 들리는 것 같다. 아니 진짜 들린다. 사장님이 스마트폰으로 김광석 노래를 틀어주셨다. 내 세대가 아닌 가수 김광석의 소박하고 행복한 그러나 외로운 가사들이 감성을 자극한다. 감성이 짙어지는 밤. 거리의 그림들을 보면서 사장님과 자기식대로 그림 해석하기를 하며 이런 저런 대화를 나눴다.

피터팬 증후군 여행자들, 내기를 즐기다

다음날, 우린 다같이 약령시와 갤러리 거리를 걸었다. 그리고 계산성당 앞에서 동전던지기를 해서 아이스크림 내기를 하고 3.1 운동으로 유명한 제일교회 그 아래로 내려오는 긴 계단에서 가위 바위 보로 빨리 내려오기 내기를 벌였다. 다행히 내 동전은 우리가 정해놓은 선 안으로 잘 들어갔고 가위바위보도 운 좋게 꼴찌를 면했다. 내기에서 진 불운의 두 명은 사장님이 추천하는 '미도다방'이라는 약차다방에서 우리에게 시원한 약차를 대접했다. 미도다방엔 우리 빼고 전부 약령시의 어르신들이었는데 다방이라는 곳이 난생 처음이기도 했지만 오색방석과 다방서비스도 무척 재밌었다.

우린 약차를 마시고 집으로 돌아왔다. 생각해 보니 이곳에선 돈을 거의 안 썼다. 어쩌다 시작된 내기에서 운 좋게 계속 이겼으니 말이다. 가족적인 분위기의 게스트하우스에선 간혹 서로 게임을 통해 밥과 간식 내기를 벌이는데, 이곳만큼 내기를 즐기는 게스트하우스도 없다. 피터팬 증후군들이 모여 하는 내기는 주로 초딩 때나 해보던 동전던지기와 가위바위보 계단 내려오기 등인데, 주머니가 가벼운 여행자들은 무조건 내기에 목숨을 걸어라! 그렇지 않으면 여행비를 모두 탕진하고 다음날 그냥 집으로 직행하는 수가 있으니.

피터팬의 감성을 지닌 주인장

피터팬 게스트하우스의 주인장. 피터팬과 이상하게 닮은 생김새부터 세상 사는 이야기엔 관심 없는 심드렁한 표정까지 영락없는 피터팬이다. 그렇지만 작고 사소한 것엔 호기심 많은 소년의 얼굴이 된다.

그는 보기와 다르게 미국에서 경영학을 전공한 유학파다. 그는 미국에서도 게스트하우스를 운영했었다. 한국이 그리워 공부를 마치고 돌아와 고향인 대구에 게스트하우스를 오픈했다. 처음 게스트하우스를 하기에 마땅한 공간을 알아보러 다닐 때 그가 유일하게 따지던 부분은 '게스트들이 함께 모일 공간이 있는가'였다.

그러다 지하철역에서 가깝고 게스트들이 모일 넉넉한 마당이 있는 이곳 옥상을 발견했다. 옥상이기 때문에 마당 가장자리에 있는 무시무시한 고압선 주의 표지판도 피터팬이 사는 네버랜드 나라에선 별일 아니었다.

도착한 날 밤, 난 그와 김광석 거리를 거닐며 여러 가지 이야기를 주고받았다. 질문은 내가 해야 하는데 호기심 많은 그가 자꾸 질문을 가져가 반문하는 덕에 그의 이야기를 듣기보다 내 이야기를 더 많이 한 것 같다. 꿈이 뭐냐는 내 질문에 "저렇게 사는 거요."그가 벽에 있는 글을 가리키며 말했다.

"곱고 희던 그 손으로 넥타이를 매어주던 때, 막내 아들 대학시험 뜬 눈으로 지내던 밤, 큰딸아이 결혼식 날 흘리던 눈물방울…." 김광석의 '어느 60대 노부부 이야기'라는 노랫말을 가리키고 있었다. 소박한 꿈이다. 게다가 또 어찌나 감성적인지 다음 주면 장기투숙객이 떠난다며 섭섭해 죽으려 한다. 한국이 그리워 한국에서 게스트하우스를 연 그는, 이젠 하루만에도 게스트에게 정을 주고 정들면 떠나는 여행자를 그리워하며 살고 있다.

봉산 문화거리

대구의 대표적 문화예술거리로 1980년 중반부터 형성되어 현재 60여 개의 화랑과 골동품점들이 들어서 있고, 여러 화랑에서 전시와 판매도 함께한다. 대구를 대표하는 화가들의 그림들을 자유롭게 볼 수 있는 곳. 문화 불모지라고 생각했던 대구를 다시 돌아보게 만드는 공간이다.

add _ 대구시 중구 봉산동 | **web _** 봉산문화협회 www.bongsanart.com

반월당

반월당은 본래 대구에 세워진 최초의 백화점 이름이었으나, 현재 백화점은 사라지고 인근 지명으로 통용된다. 대구 젊은이들이 늦은 밤까지도 북새통을 이룬다. 옷가게, 음식점, 카페들이 즐비한 서울의 명동과 닮은 대구 시내거리다.

add _ 대구시 중구 봉산동 930-9번지, 대구1호선 반월당역

약령시 한의약박물관

대구 약령시는 조선시대(효종9년 1658년)부터 이어져온 전국 3대 한약재전문시장으로 세계적으로 약재를 유통하던 경로였다. 국내에서 가장 오래된 약령시의 전통 한의약 문화를 보존, 계승, 발전시키자는 취지 하에 지어진 박물관이다. 전통의원, 의녀복 입어보기, 한방차 시음하기, 셀프 건강 체크 등을 무료로 체험할 수 있으며 (일부체험은 유료), 약재를 이용해 만드는 교육도 실시하고 있다.

add _ 대구시 중구 달구벌대로 415길 49 | **tel _** 053-253-4729
web _ dgom.daegu.go.kr

김광석 거리

김광석 거리는 가수 '김광석'이 나고 자란 곳을 추억하는 예술거리다. 가수 '김광석'을 잘 모르는 사람도 이 거리를 거닐다보면 은은하게 퍼지는 분위기에 취해버린다. 벽면은 김광석의 노랫말과 그에 대한 그리움으로 채워진 그림과 사진작품으로 이루어져 있다. 낮도 좋지만 쓸쓸히 비치는 가로등 조명의 운치 있는 밤거리가 더욱 멋스럽다.

add _ 대구시 중구 대봉동 1-12

계산성당

한국의 3대 성당 중 하나로 100년 전통을 자랑하는 대구 대교구 주교좌 성당. 전주의 전동성당과 함께 우뚝 솟은 쌍탑이 유명하다. 고딕식 건물로 붉은 벽돌과 회색 벽돌로 쌓아올린 성당 외벽은 오랜 세월을 담은 느낌이 장중하다. 성당 내부에는 양옆으로 회색 벽돌의 기둥이 줄지어 서 있는 모습이 유럽에 와 있는 느낌을 연출한다.

add _ 대구시 중구 계산동 2가 71-1 | **tel** _ 053-254-2300

구제일교회

대구에서 가장 오래된 교회건물로 기독교가 근대화에 기여한 상징물 중 하나다. 약전골목에 위치해 있고, 무성하게 자란 담쟁이들로 덮여 독특한 기운을 뿜는다.

제일교회

대구의 수많은 교회 건물 중 가장 오랜 역사를 지닌 곳으로 기독교가 근대화에 기여한 상징물로 근대 건축사 연구에 귀중한 자료가 되고 있다. 교회 주변 3개의 선교사 사택을 선교박물관, 의료박물관, 교육역사 박물관으로 개관하여 100여 년의 역사를 한눈에 볼 수 있는 귀중한 자료를 전시하고 있으며 각각 대구유형문화재로 등록되어있다. 계산 성당 바로 길 건너편 언덕에 자리해 있으며 교회를 올라가는 90개의 계단은 일제강점기 3.1 운동 만세가 시작된 곳이다.

add _ 대구시 중구 동산동234 | **tel** _ 053-253-2615

이상화 고택

'빼앗긴 들에도 봄은 오는가'라는 저항시로 유명한 이상화 시인의 고택이다. 43년이라는 짧은 생, 폭풍처럼 살다 간 파란만장한 그의 자취가 담겨져 있는 곳이다. 집안에는 이상화 시인의 필기구 물품을 전시해 두었으며 또 한편에는 연보 등 이상화 시인에 대해 알 수 있는 게시물을 마련해 두었다.

add _ 대구시 중구 계산동 2가

팔공산

팔공산은 대구 분지 북쪽에 병풍처럼 둘러선 산으로 남북통일을 기원하는 통일대불과 석가여래의 진신사리를 봉안한 동화사, 고려 초조대장경을 보관했다는 부인사, 파계사, 송림사 등 50여 개의 암자를 품고 있으며, 신라 화랑들의 수련 성지로서 김유신이 수련한 것으로 알려져 있다. 대구 시민은 물론 수많은 관광객이 찾아드는 각광받고 있는 명산이다.

add _ 경상북도 칠곡군 동명면 득명리 113-1 | **tel** _ 053-602-5900

커피명가(본점)

경상도 3대 커피집. 직접 로스팅한 커피를 사용하는 핸드드립 전문 카페로, 주인장의 커피철학과 남다른 열정으로 1990년대 처음 이곳에 문을 열었고, 현재 전국적으로 가맹점이 생겨나고 있다. 커피와 더불어 커피명가 딸기케이크를 먹고 싶어 겨울이 오길 기다리는 손님도 있을 정도로 겨울에만 판매되는 딸기케이크의 명성 또한 대단하다.

add _ 대구시 중구 삼덕동1가 22-21 | **tel** _ 053-423-8756

삼송베이커리 _대구 마약빵

대구 약령시에 위치한 빵집으로 50년 넘긴 역사를 지닌 곳. 이곳은 '마약빵'이라
불리는 중독성 강한 빵으로 유명한데, 옥수수 콘과 크림으로 가득한 빵으로 달콤
하면서도 부드럽고 촉촉하다. 그 외에도 주인장이 만든 각종 제빵대회에서 수상한
빵도 맛볼 수 있다.

add _ 대구시 중구 동성로 3가 7-6 | **tel** _ 053-253-2615, 053-254-4064

김치찜 한옥집

김치찜과 김치찌개가 맛있는 집. 개인적으로 찜이 더 끌린다. 부담 없는 가격과 묵
은지의 새콤하면서도 야들야들하게 찢어지는 깊은 맛이 일품이다.

add _ 대구시 중구 동인동2가 108-9 | **tel** _ 053-425-8653

미도 약다방

대구진골목과 종로에 자리한 약차다방으로 동성로의 카페들과 상반되는 차분한
분위기. 쌍화탕과 약차를 마실 수 있는 곳으로 자리에 앉음과 동시에 다과가 나온
다. 약차에는 생강이 함께 나오는데 설탕에 찍어먹는 것이 독특하다. 다방 안엔 어
르신들로 가득해 그들의 세상에 침입한 것 같은 재밌는 느낌을 준다. 저렴한 가격
에 건강까지 챙길 수 있는 훌륭한 곳이다. 가격은 3천원에서 5천원대.

add _ 대구시 중구 종로2가 66-1 | **tel** _ 053-252-2599

다님 게스트하우스

1호점인 다님 백패커스 게스트하우스, 2호점인 진골목 게스트하우스, 3호점인 다님 한옥 게스
트하우스를 갖춘 곳이다. 대구 최고의 번화가 동성로 근처이고 대구 문화거리인 봉산문화거리
에 있는 곳들로 대구 이곳저곳을 둘러보기 좋다.

add _ 대구시 중구 봉산동 135-9번지 부근
price _ 도미토리 2만원~2만 4천원
meal _ 토스트, 잼, 버터, 계란, 커피 제공
tel _ 070-7532-9119(1호점) 070-7504-4115(2호점) 010-7757-6116(3호점)
web _ cafe.naver.com/danimbackpackers(1호점 다님 백패커스)
　　　　jin_danim.blog.me(2호점 진골목), blog.naver.com/danimhanok(3호점 대구 한옥)

만휴 게스트하우스

깊은 산속,
아름다운 정원이 있는
특별한 하룻밤

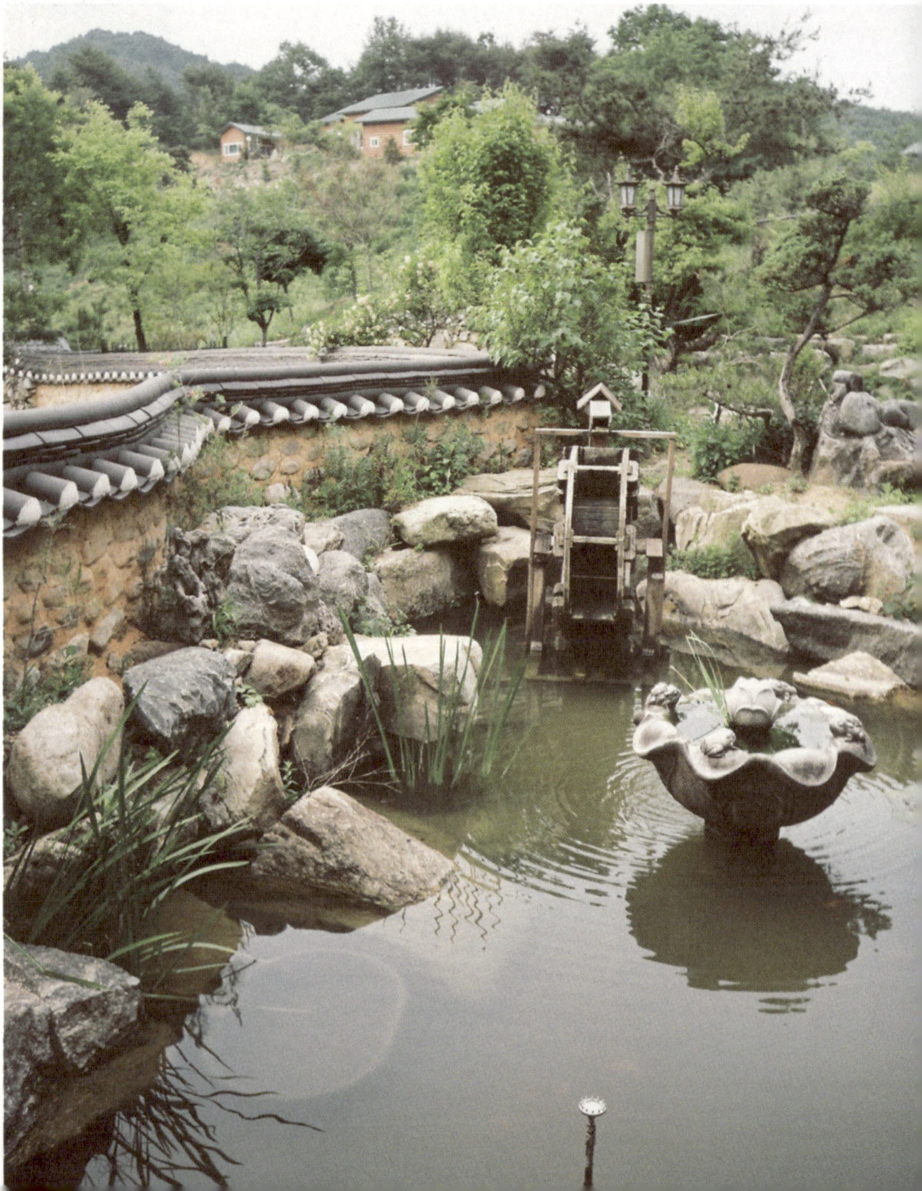

만휴 게스트하우스는 안동 봉정사 아래 있는 그림 같은 게스트하우스다. 산 아래 있어 공기 좋고 물 좋다는 사실은 더 설명할 필요가 없다. 집안의 아무 수도꼭지나 틀어 그 물을 그냥 마시면 된다. 5년 전 찻집으로 문을 열었고 얼마 전부터 찻집과 더불어 여행자숙소로 운영하고 있다. 여유 있는 정원이 최고의 매력. 게다가 조식으로 나오는 잣죽은 내가 먹어본 죽 중에 최고였다. 밤이 되면 운치 있다 못해 낭만적인 정원으로 바뀌고, 낮에 팔각 건물 안에서 바라보는 풍경은 어느 전망대 못지않게 아름답다. 차를 사랑하는 주인이 꾸며놓은 한 잔의 차처럼 마음도 따뜻해지는 공간. 안동터미널 근처에서 '만휴'가 있는 봉정사 혹은 하회마을까지 가는 버스는 배차 시간이 길어 미리 확인하고 움직여야 한다.

GUESTHOUSE INFO

만휴

add _ 안동시 서후면 태장리 910
　　　(봉정사길 242)
price _ 도미토리(1인) 2만 5천원,
　　　2인실 6만원, 4인실 10만원,
　　　6인실 15만원
in & out time _ 2시 · 11시
meal _ 잣죽
service _ 드라이기, 거울, 커피포트,
　　　수건, 와이파이 등
tel _ 054-855-2268, 011-545-2662
web _ blog.naver.com/manhyu242

1,2 마당에서 바라본 만휴의 팔각 건물과
그 뒤쪽에 있는 사랑채.
3 팔각 건물 꼭대기 3층에 자리한
도미토리는 천장이 비스듬한 재미있는
공간이다.
4 가족실은 방 안에 화장실이 있고,
도미토리는 일층 화장실을 사용할 수 있다.
5 만휴의 조식 잣죽.
6 일층 카페에서 전시, 판매하는 도예품.

봉정사 아래 자리한 그림같은 팔각 저택

안동터미널에서 버스로 40분 정도 가야하는 봉정사. 거기다 봉정사행 단 한 대의 버스 배차 간격은 한 시간이 넘는다. 버스를 기다리고 타는 시간까지 전부 합치면 어마어마하다. 그런데 안동은 어딜 가나 마찬가지다. 하회마을도 도산서원도 봉정사도 터미널에서 먼 곳이어서 버스시간을 잘 파악하고 다니는 게 안동 여행의 관건인 셈.

우리나라에서 가장 오래된 목조건물 '극락전'이 있는 봉정사. 그 산 아래 그 속에 쏙 안겨있는 '만휴'라는 게스트하우스가 있다. 그림 같은 고풍스런 팔각 기둥 모양에 검은 고깔 기와지붕이 씌워진 건물로 널찍한 정원이 있는 곳이다.

어르신들만 사는 고요한 마을에 자리해 사람 소리보다 새 소리, 나무 흔들리는 소리가 더 크게 다가온다. 긴 모양의 정원은 팔각건물을 향해 있는데, 정원 오른쪽 연못엔 비단 잉어들이 헤엄치고, 그 위론 연두색 돗자리를 펼쳐 놓은 듯 잔디가 마당을 덮고 있다. 팔각기둥 뒤쪽에 별채로 지어진 한옥 사랑채와 공용공간인 지붕이 있는 사각 평상이 있다. 이곳은 낮에도 멋있지만 밤이 더 근사하다. 유난히 어두운 산 속의 밤, 날이 저물어가며 사랑채 주변으로 자리한 조명들이 더 또렷해지면서 정원을 밝히는 모습이 한없이 운치 있는 공간을 만들어 낸다.

봉정사에 도착하니 어느새 여섯 시가 넘었다. 사장님은 볼 일이 있다며 내게 방을 알려주고 급하게 사라지셨다. 안동은 하회마을 안에 민박집이 꽤 많이 있어 게스트하우스로 발걸음하는 여행자들은 주로 주말에 오는 듯하다. 그러나 오늘은 평일, 이 으리으리한 팔각 저택에 머무르는 여행자는 나 혼자다. 혼자 있으니 안전을 위해 대문까지 걸어 잠궜다. 사장님도 없으니 진짜 혼자다.

이곳은 전통찻집으로 5년 전 문을 열었다. 지금도 팔각 건물의 1층은 알 만한 사람들 다 아는 맛좋은 찻집으로 유명한데, 언제부턴가 이곳에 차를 마시러 오는 손님들이 "여기서 하루 밤 묵어봤으면……"이라고 말했단다. 그래서 비어있던 팔각 건물 2, 3층을 여행자를 위해 내어주게 됐다. 오늘 이곳 3층 도미토리에 머무를 생각이었는데, 평일이라 넓은 도미토리에 나 혼자 있는 게 걱정스러웠던지 사장님이 사랑채를 내주셨다. 나중에 후문을 들어보니 나처럼 혼자 단체 도미토리룸에 묵게 되는 여행자들에게 사장님은 가끔 아무 방이나 내어주신단다.

팔각 건물 안으로 들어서니 높은 천장과 팔각으로 각 잡힌 기둥이 눈에 들어온다. 여덟 개의 기둥이 빙 둘러가며 원을 그리듯 세워져 있고, 그 사이사이는 몇몇 벽을 제외하곤 전부 유리벽이다. 중간쯤 서서 안에서 밖을 내다보면 어느 전망대 못지않은 귀한 풍경을 볼 수 있다. 마치 거대한 새장 속에서 세상 구경하는 새의 심정이랄까. 1층 가장

1,2 창가를 둘러가며 자리한 찻잔들은 단아한 카페 분위기를 연출한다. 만휴 안에는 온갖 도예품과 한국화들이 전시되어 있다.

자리에 테이블이 둘러가며 놓여있고, 팔각의 중앙부에 이 건물을 떠받들고 있는 것처럼 보이는 큰 기둥이 웅장하게 자리해 있는데, 그 기둥 안도 방이다.

일층 찻집엔 찻잔과 그릇이 전시되어 있는데 마음에 들면 구입할 수도 있다. 오랫동안 차를 사랑해온 주인 덕분에 이름있는 작가들의 작품이 많이 전시되어 있다. 그릇에 별 관심 없는 나도 욕심이 생길 정도로 아름다운 선을 자랑하는 도예품들로 가득하다. 찻집 한켠에 나 있는 계단을 따라 2층으로 가면 바로 이곳부터가 게스트하우스로 이용되는 공간이다. 2층엔 가족 룸이 있는데, 팔각이 방으로 나눠지면서 만들어내는 삼각 모양의 바닥들은 어디에서도 볼 수 없는 매력적인 방이다. 그곳에서 한층 더 올라 3층부터가 바로 도미토리 공간.

크게 반을 나누어 4명씩 총 8명이 이불을 깔고 잠을 청할 수 있는 공간이다. 이 공간은 건물의 꼭대기 층으로 바로 위가 지붕인데, 낮은 천장과 누우면 고깔 모양으로 바깥쪽으로 쏟아지는 천장들이 재밌는 잠자리를 만들어 줄 것 같다. 거기다 천장부터 바닥까지 모두 소나무라, 불면증 있는 친구에게 소개시켜주고픈 공간이다.

이곳 만휴 도미토리룸은 남녀 모두 이용이 가능하지만, 언제나 모두에게 열려 있는 것은 아니다. 첫손님의 성별에 따라 달라지는데, 첫 예약자가 남자면 그날은 모두 남자만 예약을 받는다. 첫손님이 여자면 그날은 여성 전용이 되니, 당신이 여행하는 그날의 운에 달려있는 셈이다. 마당 사랑채 오른쪽으론 공용화장실이 있다.

맛있는 잣죽으로 하루를 열다

여기저기 둘러보는 사이 조금씩 어두워지기 시작한다. 사랑채 주변으로 켜둔 조명들이 점점 더 밝아지며 찬찬히 어둠이 내려앉는다. 운치 있는 정원을 바라보다 가족끼리 와도 참 좋겠다는 생각이 든다. 정원에 켜둔 조명으로 산에서 내려온 온갖 날개달린 곤충들이 몰려든다.

아무도 없는 마당에서 두 손을 휘저으며 방으로 달려 들어와 문을 걸어 잠궜다. 사랑채 작은 방안은 바깥의 신선한 공기와 다르게 따뜻한 공기로 채워져 있다. 창 두 개와 문 두 개, 이불이 전부인 깔끔한 방이다. 방 안 불빛을 보고 곤충들이 자꾸 덤벼 문에서 딱딱 부딪히는 소리가 들린다. 바로 불을 끄고 누웠다. 잠잠해진다. 평소 같으면 혼자라는 생각에 잠을 설쳤겠지만, 그 날은 이상하게 세상 모르고 잤다. 밤엔 벌레 때문에 정신 팔려서 보지 못했는데 사장님 말로 밤 하늘 별이 예쁘다고 하니 머무를 때 꼭 한번 별 구경을 해 보는 것도 좋겠다.

1

1 풍산 류씨가 600여 년간 대대로 살아온 한국의 대표적인 집성촌 하회마을의 풍경.
2,3 배우 류시원의 할아버지집으로 알려진 집. 하회마을 삼신당 근처에 있다. 현관 입구 벽에 로마의 진실의 입처럼 구멍이 뚫려 있어 눈길을 끈다.
4,5 하회마을 안엔 전통놀이를 체험할 수 있는 공간이 곳곳에 마련되어 있다.
6 우리나라에서 가장 오래된 목조건물 '극락전'이 있는 사찰 봉정사의 모습.

　다음날 아침, 나갈 채비를 하고 찻집으로 가 사장님과 이런저런 이야기를 나눴다. 사장님 말고 찻집엔 일하는 언니가 한 명 더 있는데, 언니가 아침을 가져다준다. 뚜껑이 있는 하얀 사기그릇에 담긴 잣죽. 만휴에서는 조식으로 찻집에서 판매하는 잣죽을 준다. 뚜껑을 살며시 여니 모락모락 김이 나는 부드럽게 갈린 잣죽과 먹음직스러운 김치가 함께 나왔다. 그릇이 너무 고풍스러우니 왠지 내 행동도 조심스러워진다. 살포시 떠 한 입 먹자 감탄사밖에 안 나온다. 정말 맛있다. 이렇게 맛있는 죽은 처음이다. 부드럽게 넘어가는 잣 알갱이들이 씹히면서 입 안 가득 고소함이 느껴진다. 예전에 엄마가 만들어주던 잣죽을 생각하며 별 기대 없이 먹었는데, 엄마가 해주는 잣죽보다 백배는 맛있다. 섭섭하겠지만 이곳 죽을 먹으면 엄마도 아무 말 못 할 거다. 어쩐지 죽 때문이라도 다시 찾는 여행자가 생길 것 같다.

　조식을 먹고 봉정사로 향했다. '봉정사'는 우리나라에서 가장 오래된 극락전이 있는 곳이다. 20년 전까지 만해도 부석사의 '무량수전'이 가장 오래 된 목조건물이었지만, 극락전을 복원할 때 발견된 상량문에 의해 봉정사 극락전이 우리나라에서 가장 오래된 목조건물로 뒤바뀐 재밌는 이력을 가진 공간이다. 매표소에서 20분 정도 걸어야 봉정사에 도착한다. 으리으리한 절들에 비하면 꽤 소박한 규모의 절인데, 그보다 올라가는 길과 주변으로 진기한 모양을 하며 자란 소나무들이 내 눈길을 붙잡았다. 만휴에 묵는 여행자라면 꼭 봉정사에 가보길 추천한다. 봉정사와 하회마을 그리고 병산서원까지 둘러보느라 바쁜 하루를 보냈다. 안동은 분명 매력있는 여행지이지만 그 어떤 전통 문화도 만휴보다 기억에 남진 않는다. 벌써 그곳이 그리워진다. 끝내주던 잣죽 맛도. 밤이 되어 고요한 정원에 몰려들던 온갖 벌레들도.

영혼까지 채우는 '찻집' 그리고 게스트하우스

동그란 얼굴에 윤기 나는 얼굴이 달처럼 느껴진다. 차를 한잔 주시며 하는 말.

"음식 중에서도 차는 최고 위치에 있어요. 영혼까지도 채우니까요."

무늬처럼 찻잔이 촘촘히 전시된 창문을 바라봤다. 찻잔 뒤 바깥에서 찻집언니가 무성히 우거진 산 아래 건조하기 짝이 없는 산 단면에 물을 주고 있다.

"왜 저 아무것도 없는 곳에 물을 주세요?"

궁금해 묻자 사장님은 또 특유의 오랜 기간 동안 도를 닦은 기운으로 말한다. 저 산 단면에 계속해서 흙을 실어 나르고 거름을 주고 있는데 얼마 전 심은 야생화 몇 포기가 자리 잡기 시작했다고. 이렇게 계속하다 보면 저곳이 야생화로 가득 차는 날이 오지 않겠냐고. 개량한복을 차려입은 사장님이 진짜 도인처럼 느껴진다. 그녀는 서울에서 살다 안동으로 시집을 왔다. 그것도 대가족 맏며느리로. 할일이 넘쳐나던 대가족 맏며느리 자리도 세월이 지나면서 집안의 어르신들이 하나둘 돌아가시고 아이들도 자라면서 조금씩 여유가 생겨났다.

그녀는 그때부터 차를 배우기 시작했다. 원래 식문화에 관심이 많았지만 차는 그냥 음식과 달랐다. 곧 차의 매력에 푹 빠졌다. 마침 봉정사를 오가며 눈독을 들이던 이 근사한 팔각집을 운 좋게 인수하게 되었고, 고치고 가꾸어 5년 전부터 찻집으로 운영하고 있다. 전망을 위해 팔각의 기둥을 제외한 나머지 벽은 창으로 바꿨다. 이젠 '봉정사 아래 찻집'하면 아는 사람은 다 알 정도로 '만휴' 찻집은 그 분위기와 차 맛으로 유명하다. 그녀는 차를 굉장히 사랑한다. 만휴 입구엔 게스트하우스라는 간판은 없다. 홈페이지로 홍보하고 아는 사람만 검색해서 찾아온다. 그녀에게 찻집과 게스트하우스 중 하나만 택하라면 그녀는 무조건 찻집이란다. 나에게도 안동에서 뭘 하나 선택하라면 난 무조건 만휴다.

Other guesthouse

행복한 게스트하우스

오래된 여관을 보수하여 오픈한 곳으로 안동 시내에 있으며 안동 찜닭 골목과 가깝다. '엉뚱나미의 심심한 동네'라는 블로그 주인장이 운영하는 곳. 안동 여행 정보를 얻을 수 있고 맛있는 호박죽 조식을 제공한다.

add _ 안동시 안흥동 278- 87번지
price _ 1인 2만원~2만5천원
         (도미토리 아님)
meal _ 호박죽과 커피 제공
tel _ 010-8903-1638
web _ cafe.naver.com/happy1522

안동 피터팬 게스트하우스

2012년 7월 20일에 오픈한 게스트하우스. 대구 피터팬 게스트하우스와 마찬가지로 옥상이 있으며 안동 시내에 있다. 유쾌하고 즐거운 숙소로 꾸며가고 싶은 것이 주인장의 포부.

add _ 안동시 안흥동 312-2번지 2층
price _ 도미토리 1만 5천원부터 2만원
meal _ 셀프 조리 가능, 간단한 토스트와
         커피 제공
tel _ 010-3124-8277
web _ cafe.naver.com/andongguesthouse/7

병산서원

병산서원은 앞쪽의 화산이 마치 병풍을 두른듯하여 병산이라는 이름이 붙여졌다. 대원군의 사원철폐령에도 사라지지 않고 남은 47개 서원 중 하나로 철종 14년 병산이라는 사액을 받아 사액서원으로 승격되었으며 많은 학자를 배출해냈다. 조선시대의 대표적인 유교 건축물로 자연과 하나 되는 빼어난 건축미를 자랑한다. 사적 제 260호로, 서애 선생의 문집을 비롯하여 각종 문헌 1,000여 종 3,000여 책이 소장되어 있는 곳이다.

add _ 안동시 풍천면 병산리 30 | **tel** _ 054-858-5929
web _ www.byeongsan.net

봉정사

우리나라에서 가장 오래된 목조건물인 '극락전'을 품은 사찰이다. 사찰이 위치한 천등산은 산세가 험하지 않고 마을과 가까워 바쁜 도심을 떠나 잠시 여유를 가지고 둘러보기 좋은 곳이다. 특히 극락전은 봉정사 복원공사를 진행하면서 발견된 '상량문'을 통해 당시 부석사의 무량수전이 아닌 이곳 봉정사의 극락전이 '현존하는 가장 오래된 목조건물'로 인정받게 된 특이한 이력을 가지고 있다. 사찰 주변으로 진기한 모양의 소나무들이 자리해 눈길을 끈다.

add _ 안동시 서후면 태장리 901 | **tel** _ 054-853-4181
web _ www.bongjeongsa.org

월영교

국내에서는 가장 큰 목책교로 안동 상아동과 성곡동을 연결하는 나무 다리. 조선 중기 원이엄마와 남편의 이야기가 담겨있는 다리로, 먼저 간 남편을 위해 머리카락을 뽑아 한 켤레의 미투리를 지은 지어미의 애절하고 숭고한 사랑을 기념하고자 미투리 모양을 접목시켜 2003년 월영교를 개통하였다. 월영교 가운데에는 월영정이라는 정자가 있으며, 교각에는 분수가 설치되어 하루 세 차례 물을 쏘아 올린다. 이른 아침엔 신비롭게 깔리는 안개와 밤이면 다리를 비추는 조명들이 하나씩 켜지면서 아름다운 야경을 자아낸다.

add _ 안동시 상아동

하회마을

낙동강이 큰 S자 모양으로 마을 주변을 감싸 안고 흐른다 하여 하회라는 이름이 붙여졌다. 풍산 류씨가 600여 년간 대대로 살아온 한국의 대표적인 집성촌이며, 오랜 세월 속에서도 기와집과 초가가 잘 보존된 곳으로 유네스코 세계문화유산으로 등재되었다.

삼신당 _ 하회마을 중앙에 위치한 600년 된 느티나무. 정월 대보름에 마을을 지켜주는 제사를 지내던 마을 사람들이 성스럽게 여기고 소원을 빌던 곳이다. 지금도 관광객을 위해 마련된 소원을 적어 묶어둘 수 있는 소원지체험이 가능하다.

만송정 _ 하회마을 강변을 따라 펼쳐진 소나무 숲으로, 천연기념물 제473호로 지정되었다. 강 건너편 바위절벽 부용대의 거친 기운을 완화하고 북서쪽의 허한 기운을 메우기 위하여 소나무 1만 그루를 심었다고 하여, '만송정'이라 한다. 숲에는 수령이 90~150년 된 소나무 100여 그루와 마을 사람들이 정기적으로 심는 작은 소나무들이 함께 자란다. 여름에는 홍수 때 수해를 막아주고 겨울에는 세찬 북서풍을 막아주며, 마을사람들이 쉬어갈 수 있는 휴식 공간. 경관이 뛰어난 마을 숲으로 역사적 문화적 가치가 매우 크다.

부용대 _ 하회마을 낙동강 건너편에 위치해 있는 해발 64m의 절벽이다. 태백산맥의 끝자락에 위치해 있어 정상에 서면 하회마을 전체가 한눈에 내려다보인다. 낙동강의 S자 모양도 직접 눈으로 확인이 가능하니 하회마을에 가면 꼭 들러 보자. 아래로 낙동강이 굽이쳐 흐르는 곳에 옥연정사와 겸암정사, 화천서원이 자리하고 있다. 마을 강 건너에 있는 부용대에 갈 땐 나룻배를 이용하면 편리하다.

하회마을 나룻배 _ 하회마을에서 부용대로 건너가는 나룻배. 초록빛 강가와 모래로 뒤덮인 땅 위로 우뚝 서 있는 부용대 아래까지 이용할 수 있는 유일한 수단. 왕복 3천원으로 아저씨의 기억력이 티켓을 대신한다.

add _ 안동시 풍천면 하회리 | **tel** _ 054-852-3588
web _ www.hahoe.or.kr

경주_**황오동**

모모제인 게스트하우스

천년 고도 경주와 닮은 단정한 집

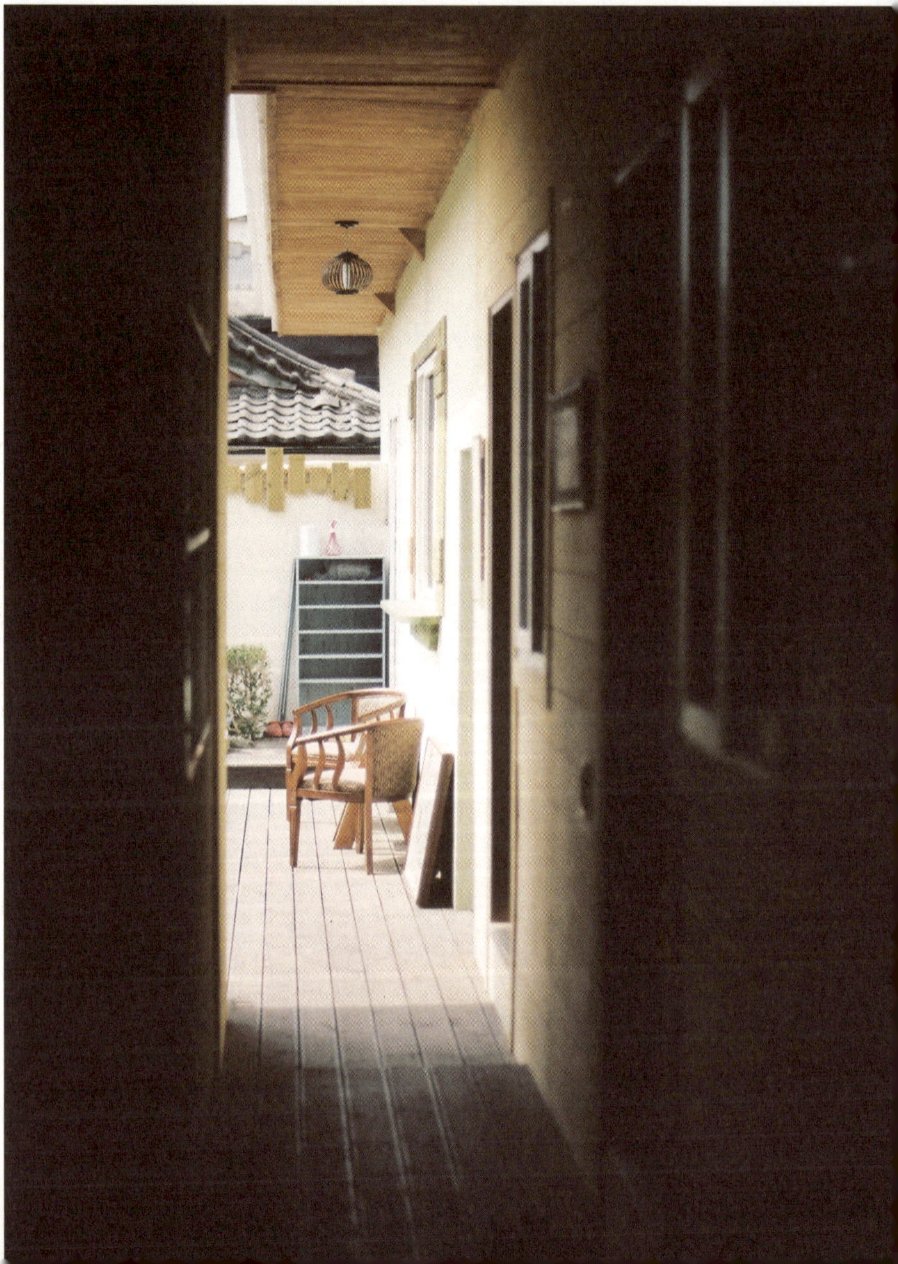

경주 모모제인 게스트하우스는 이름만큼이나 어여쁜 게스트하우스로 작년 겨울에 오픈했다. 시내 큰 길가 안쪽에 위치해 있어 조용하면서도 교통이 편리하다. 단층짜리 단독주택을 개조해서 가정집 느낌이 물씬 나는 곳으로 웃고 떠드는 분위기가 아닌 홀로 사색하고, 쉬면서 에너지를 얻어가기 좋은 곳이다. 실내에선 맥주 두 캔 이상 금지! 10시면 객실을 소등하고, 12시면 전체가 소등이다. 지켜야 하는 룰이 다른 곳보다 조금 더 엄격한 공간이지만, 그만큼 쾌적한 공간이 된다. 덕분에 8명이 쓰는 도미토리에서도 잠이 잘 온다. 또 고요한 2인실이 3개나 마련되어 있어 친구나 젊은 부부에게도 인기가 좋다.

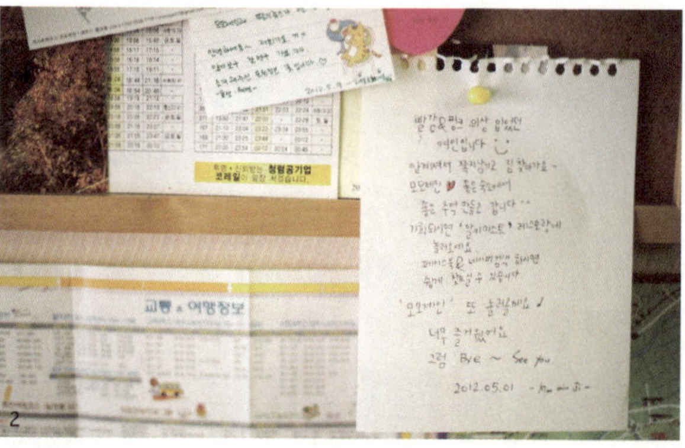

1 편하게 쉴 수 있는 마당. 창문에는 고흐의 작품들이 걸려 있다.
2 거실 벽면엔 경주 지도와 다녀간 여행자들의 메시지로 가득하다.
3,4,5 연두 빛의 나무로 만든 상큼한 주방. 귀여운 식기들과 모모제인의 아침 식사.
6 도미토리 8인실 방안엔 마당으로 난 창이 있어 햇살이 가득하다.
7 도미토리 이용자들을 위한 공용 화장실과 샤워실.

add _ 경주시 황오동 216-2
price _ 도미토리 8인실 1만8천원
(주말성수기 2만원)
2인실 5만원(주말성수기 6만)
in & out time _ 3시 · 10시반
meal _ 식빵, 잼, 버터, 원두커피 & 주스
제공
tel _ 010-5516-7778
web _ www.momojein.co.kr

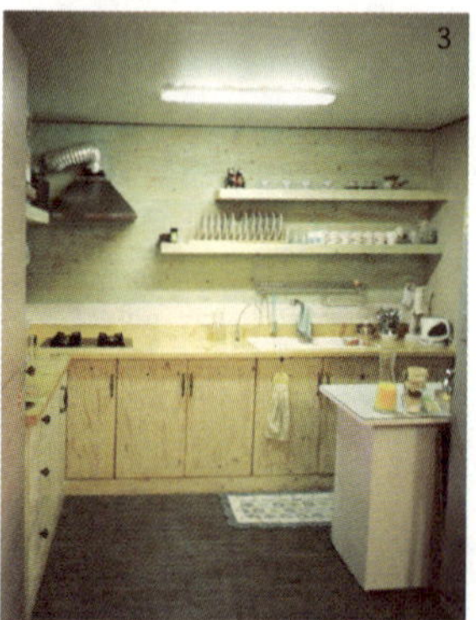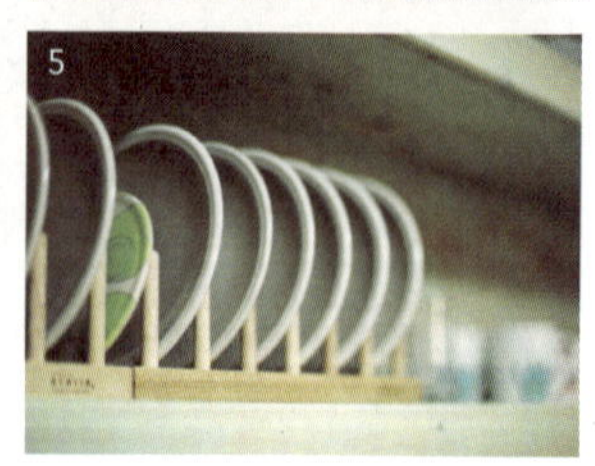

아늑함으로 똘똘 뭉친 예쁜 모모제인

모모제인? 모모와 제인이라는 친구가 운영하는 곳인가 했다. 그게 아니면 일본어로 '모모'가 '복숭아'니, 복숭아를 좋아하는 제인이라는 여자? 하지만, 내 생각은 모두 빗나갔다. '모모제인'은 순우리말. '아무아무 여러 사람'이라는 뜻. 여기저기 방방곡곡에서 여행자들이 모인다는 의미로 '모모제인'이라는 이름을 붙였다.

경주라는 문화 도시에 너무나도 잘 어울리는 순우리말 '모모제인'. 이곳은 이름만큼이나 어여쁜 곳이다. 남자들이야 머리 누일 곳과 밥만 주면 그만이라지만 여자들은 아니다. 아담해도 분위기 있고, 시설이 크다 해도 아늑해야 한다. 여성 여행자들의 그런 사소한 욕심까지 채워주는 곳이랄까. 단층의 단독주택에다 아늑함으로 똘똘 무장한 곳. 마당에 있는 앙상하고 신기한 나뭇가지와 올리브 컬러의 건물이 동화 같은 외관을 가진 곳. 높은 건물이 없는 제주도엔 단독주택을 개조한 게스트하우스가 많다지만, 육지 쪽은 그렇지 않다. 단층짜리 단독주택 게스트하우스 찾기는 어렵다.

황오동 경주시내의 넓은 골목과 이어지는, 틈처럼 좁은 골목으로 조금 들어가면 막다른 골목 끝에 '모모제인'이 있다. 벨을 눌러도 인기척이 없어 문 앞에서 주인장에게 연락하니 친절히 문 여는 방법을 알려주신다. 열린 문 안으론 한발 한발 보폭에 맞춰 바닥에 박힌 동그란 통나무가 건물로 인도했다.

바나나우유를 들이 부은 것 같은 노르스름한 벽면, 통나무발판이 끝나는 지점엔 초록나무들이 현관문을 감싸고 있고, 마당 한쪽으론 사색하기 좋은 테이블과 의자가 조용히 놓여있다. 눈높이 창가론 고흐의 작품 '해바라기'가 눈에 들어온다. 신발을 벗어두고 30cm 정도 위로 만들어진 거실로 올라갔다. 거실 정면에는 책장이 놓여있다. 책들과 간단한 블록 게임들도 한쪽에 준비되어 있었다.

여러 게스트하우스를 다녀본 결과, 주인장에 따라 그 분위기기는 제각각인데, 이곳 모모제인은 조용히 쉬다 가기에 좋은 공간이다. 거실 왼쪽엔 주방과 화장실이 있고, 주방은 연둣빛 나무로 이루어져있다. 거실 중간엔 원목의 두 테이블이 등 돌려 놓여 있다. 다섯 개의 둥근 알들로 이뤄진 조명 아래로 대롱대롱 파스텔 컬러의 모빌 '춤추는 아이'가 빙그르르 돈다. 어디선가 올리브향이 날 것 같은 공간이다. 물을 마시러 주방에 가보니 귀여운 물잔들이 쪼르르 줄지어 있는 모습이 사진기를 들게 만든다.

모모제인의 거실 오른쪽에 자리한 방이 바로 오늘 내가 묵을 도미토리 방이다. 침대 4개가 놓여있는 기다란 모양의 방인데, 마당을 향한 벽 쪽으로 햇살이 가득 들어와 더욱 아늑한 느낌이 든다. 창 아래 귀퉁이엔 작은 사물함도 준비되어 있다. 8명이 지내기엔 그리 좁지도 넓지도 않은 딱 적당한 공간이다. 마당 옆쪽 건물에는 2인실 온돌과

책장이 있는 모모제인의 거실. 혼자 조용히 쉬면서 볼 수 있는 책들과 간단한 블록 쌓기 등의 게임이 마련되어 있다.

침대가 있는 가족 룸도 마련되어 있다. 여행자들은 모두 경주 구경을 하러 나갔는지 조용하다.

유네스코 문화유산 양동마을에 가다

나는 아프리카 느낌의 주황 줄무늬 침대보에 보라색 이불이 놓인 침대 자리에 짐을 두고 나왔다. 매번 경주에 올 때마다 가봐야지 생각만 했던 '양동마을'에 가기 위해서였다. 안동 '하회마을'은 대부분의 사람들이 알지만 경주 '양동마을'은 모르는 사람이 꽤 많다. 양동마을은 하회마을과 함께 유네스코 문화유산에 등록된 민속마을이다. 경주터미널에서 버스를 타고 40분 정도 가면 양동마을에 갈 수 있다.

도착해보니 으리으리한 양반가옥이 아닌 수백 년 된 기와집부터 마을 안의 대부분이 초가집으로 구성되어 있어 그 느낌이 색다르다. 까치발을 하면 집집의 마당들이 전부 들여다보일 정도로 나지막한 돌담들과 마을 중앙에 있는 오래된 경로당 그 앞 빨간 우체통까지 마을 구경이 아닌 역사책을 넘기는 느낌이 든다.

양동마을 골목골목을 걷고 있는데 동네 할머니가 '무첨당은 여기로 가야 해' 라며 손짓한다. 여강 이씨의 종가로 세련된 고택인 무첨당은 양동마을 안에 있는 많은 국보 중 하나였는데 사실 난 무첨당에 가는 길이 아니라 그저 걷고 있었고, 그땐 무첨당이 뭔지도 몰랐다. 묻지도 않은 길을 알려주는 할머니는 양동마을에 사는 동네어르신이었는데, 심심해서 만든 식혜와 엿을 집 앞 골목에 나와 팔고 계셨다. 할머니가 파는 가락엿을 한 봉지 사서 무첨당으로 향했다. 그런데 건축물보다 내 눈을 이끄는 것이 있었으니. 바로 이곳에서만 볼 수 있는 '경주개'다. 경주개란, 꼬리가 매우 짧은 진돗개인데, 그 모습이 꼬리가 없는 것처럼 보여 '꼬리가 없는 개'라 불리기도 한다. 한때 꼬리가 없어 기형으로 멸시당해 멸종위기에 놓인 적도 있는 토종개다.

양동마을을 구경하고 있는데, 마침 이 근처 안강이 고향인 친구가 부모님이 계신 안강 집에 내려와 있다고 연락이 왔다. 양동마을이라고 하니 바로 이리로 오겠다고 했다. 친구를 만나러 입구 쪽으로 내려가는데 산 아래 초가집에서 아궁이에 불을 때고 있다. 햇살이 무거운 오후, 마을에 아궁이 장작 때는 연기가 솔솔 피어오른다. 바람 하나 없이 공기 위 연기는 직선을 그리며 올라간다. 그 연기는 양동마을을 역사의 공간이라고만 생각했던 내게 말하고 있었다. 여기도 사람 사는 마을이라고. 왠지 조상들의 터를 지키며 살아가는 굳은 고집 같은 것으로 보였다.

입구로 향하는데 친구는 안 보이고 하얀 차 한대가 들어온다. 친구 하나와 하나 어

1

1 우리나라의 대표적인 반촌으로 500년의 역사를 이어온 양동마을.
2,3 역사 속에서 살아가는 마을사람들의 모습을 볼 수 있고, 동네 어르신들이 직접 만든 엿과 식혜도 살 수 있다.

머니였다. 어머니와 나올 줄은 몰랐는데 친구의 어머니는 왠지 긴장된다. 이날 어머닌 경주를 내게 알려야한다는 투지를 불태우시며 옥산서원도 데려가주시고 안강에서 유명한 고디탕집에서 밥도 사 주셨다. 오랜만에 두 발을 아꼈다. 걷는 걸 좋아하고 고생하는 여행을 즐기는 편이지만 사실 경주에 도착했을 땐 지칠 때로 지쳐있었다. 게스트하우스에서 만난 사람들의 여행이야기가 재밌어 그동안 잠도 안 자고 조금이라도 더 들으려 했고, 배낭을 들고 이곳저곳 다른 숙소로 옮겨 다니는 나날도 힘에 부치기 시작했다. 간혹 방에 코고는 여행자라도 있는 경우엔 정말 죽음이다. 그런데 오늘은 하나 어머니 덕에 너무 편하게 여행했다. 어머니는 괜찮다는 나를 한사코 숙소 앞까지 데려다 주셨다. 덕분에 뒷자리에 편히 앉아 경주의 풍경을 감상했다. 말 그대로 초록이다. 초록산과 초록논과 초록나무들 뿐이다. 초록색 때문인지 하나 어머니의 능숙한 운전 실력 덕분인지 맘이 편안해졌다.

숙소로 돌아오니 9시. 모모제인 주인장 언니가 거실에 앉아 있다. 단발머리에 까무잡잡한 피부를 지닌 허스키한 보이스를 지닌 언니와 경주에 관한 이런저런 이야기를 나눴는데 언니의 말 중 가장 기억에 남는 말은 이거다.

"수학 여행 장소로 경주는 아닌 것 같아. 괜히 안 좋은 기억만 생기잖아요."

너무 와 닿는 말이다. 요즘은 수학여행으로 해외도 많이 나가지만, 수학여행하면 경주다. 엄청난 땡볕에 불국사와 천마총, 첨성대……. 볼건 또 왜 이렇게 많은지. 매우 매우 고단하게 선생님에게 끌려 다녔던 안 좋은 기억 뿐이다. 하지만 오늘처럼 여유를 가지고 보면, 경주는 꽤 아름다운 곳이다. 아니 정말 좋은 곳이다.

방에 들어가니 3명의 여성이 침대에 누워 있었다. 전부 1층을 차지하고, 입구 쪽으로 누워 있는 둘은 동남아계열로 보이는 캐나다 국적의 두 자매였다. 대충 인사를 하고 그 옆 내 침대 쪽으로 가니 제일 끝 침대에 핑크색으로 무장한 20대 후반의 언니가 있다. 캐나다 여행자들은 내일 부산으로 간다는 말만 남기고 두 자매가 한 침대에 누워 이어폰을 끼고 드라마에 열중해 말 붙이기 힘들었다. 그리고 모모제인은 왠지 수다를 떨 수 있는 분위기가 아니다. 무엇보다 나 역시 힘들어서 쉬고 싶었다.

아침 햇살이 가득한 모모제인의 아침, 모모제인 가족실에서 머물렀는지 어제 못 본 젊은 부부여행자의 모습도 보였다. 생각보다 모모제인에서 어제 머무른 손님이 몇몇 더 있었다. 근데 어제 저녁 왜 이렇게 사람 하나 없는 것처럼 조용했을까. 모모제인은 그런 곳이다. 조용히 있다가 에너지를 충전해 가는 곳. 혼자 사색하기 좋은 곳. 생각이 복잡해 훌쩍 떠나고 싶을 땐 왠지 모모제인으로 오게 될 것 같다.

누군가의 베이스캠프가 되었으면 좋겠어요

그녀는 이곳이 웃고 떠드는 공간이기보다는 조용히 쉬어가며 에너지를 충전하는 공간이 되길 원했다. 그래서 거실 책장엔 다양한 책과 혼자 놀 수 있는 게임을 마련해 두었고, 방의 소등시간도 정해져 있다. 마치 기숙사처럼. 이곳에선 왠지 다른 여행자들에게 쉽게 말을 못 걸겠다. 목소리도 발걸음도 저절로 조용해진다. 그 수고스러운 만큼 매우 평화로운 느낌인건 사실이다. 아무도 모르는 곳에서 혼자 쉬는 느낌이랄까.

내가 그녀에 대해서 아는 건 단 하나다. 서울에서 어떤 일을 하다 이곳에 게스트하우스를 차렸다는 것. 그것 말고는 없었다. 사실 그녀에게 궁금한 게 많았다. 어떻게 경주에 내려오게 되었는지, 그전엔 무슨 일을 했고, 나이는 어떻게 되는지……. 하지만 그녀는 쉽게 맘을 열지 않았다.

다음날 그녀를 사진기에 담기 위해 마당에서 만났다. 머리정돈도 안한 무심하게 뻗친 머리에 깜짝 놀랐다. 사진기를 들이대자 그제서야 머리를 매만지며 웃는다. 그렇게 사진을 찍는데 처음으로 그녀의 속마음이 보였다. 해맑게 웃는 그녀의 진심이 보였다. 어젠 안 보이던 다른 사람이 내 앞에 있었다.

"이곳이 누군가의 베이스캠프가 됐으면 좋겠어요. 여긴…나의 베이스캠프기도 하고…"

이 말이 어제 나눈 시간들보다 더 깊게 느껴졌다. 덤덤한 그 말에서 왠지 그녀가 떠나온 서울에서의 인생이 꽤나 고단했을 것 같다는 짐작을 해 본다. 난 그녀와 인사를 나누고 모모제인을 빠져나왔다. 나중에 이곳을 찾으면 그땐 그녀와 친구가 될 수 있을까. 그땐 못 다한 궁금한 것들을 다 물어봐야지.

핑크족 그녀의 1박 2일

그녀는 20대 중반이지만 핑크를 사랑하는 핑크족이었다. 잠옷도 분명 핑크였는데 아침에 나가는 모습을 보니 또 핑크다. 그녀를 만난 건 어제 양동마을에 다녀온 늦은 저녁 방 안. 방 젤 끝 침대자리에서 그녀는 홀로 캔 맥주를 마시고 있었다. 외로이 홀로 홀짝이며 맥주를 마시는 그녀. 그런 그녀 모습이 왠지 흥미로웠다. 그녀는 인천공항에서 중국어 관련 안내 일을 한다고 했다. 하루 휴가를 내서 1박 2일로 경주 여행을 왔다고. 그동안 너무 쉬지 않고 달려왔다고, 앞으로는 꼭 한 달에 한 번씩 여행하겠다는 포부도 잊지 않았다. 내일은 불국사도 보고 또 어디어디 볼 거라며 그녀는 1박 2일 코스를 매우 알차게 보낼 예정이었다. 다음날 아침을 먹으라며 부지런하게 날 깨워 준 것도 그녀였다. 생각해보니 그녀를 만난 지도 한 달이 넘었다. 그녀는 지금쯤 그때의 포부를 잊지 않고 다른 곳을 여행 중이겠지. 그 핑크배낭과 핑크티셔츠로 무장하고 말이다.

경주 게스트하우스

주머니 가벼운
청춘 여행자들의 넉넉한 하룻밤

Writer's Comments

전국 4만개의 숙박업소 중 한국관광공사에서 지정하는 350개의 우수 숙박업소 '굿 스테이'에 등록된 게스트하우스다. 경주에서 가장 큰 규모로 오백 미터 이내에 첨성대, 안압지, 분황사가 있는 명당자리! 저렴한 가격으로 내일로 기차 티켓으로 여행하는 학생들에게도 인기고, 넓은 주차장을 갖추고 있어 주말여행 온 직장인들에게도 인기다. 남녀노소 불문 인기 만점! 특히 여행 와서 배고픈 설움은 없게 하고자 마련된 24시간 제공하는 음식과 잘 갖춰진 취사시설은 이곳 최대의 자랑. 저녁 시간이 되면 모두 라운지에 모여 이야기도 하고 각자 만든 음식을 나눠먹기도 하는 등 다른 여행자들과 자연스럽게 어울리기 좋은 공간이다. 가끔 사장님 주도하에 무리를 만들어 경주 남산으로 등산도 가니, 홀로 등산할 엄두가 나지 않는 여행자들은 기회를 노려보자!

GUESTHOUSE INFO

add _ 경주시 황오동 138-2
price _ 도미토리
　　　　(10인-1만 6천원, 4인-1만 8천원),
　　　　트윈-4만 5천원, 트리플-6만원
in & out time _ 2시 · 11시
meal _ 식빵, 달걀, 잼, 버터, 커피, 쌀과
　　　　밥솥 제공(24시간 개방형 주방)
tel _ 054-745-7100, 011-783-8162
web _ www.gjguesthouse.com

1,2 입구에서 바라보는 벽면 가득 붙어있는 지도와 사장님이 직접 만든 PC 책상.
3 경주 게스트하우스의 풍습이 되어버린. 다녀간 게스트들이 다음을 기약하며 담그는
술. 병에 함께 담근 게스트들의 얼굴을 붙여놓고 다음에 모이면 함께 마신다고 한다.
4 청결에 민감한 사장님 덕에 도미토리 방 안은 항상 깨끗하다.
5,6 24시간 개방형 주방으로 직접 음식을 만들어 게스트들과 나눠 먹을 수 있다.
7 각 방마다 샤워실과 화장실이 있어 편리하다.

<h1 style="text-align:center">뭐든지 퍼 주는 호스트, 경주보다 더 유명한 집</h1>

경주 게스트하우스를 방문하기 전 난 이곳에 대해 이렇게 들었다. 경주에서 가장 큰 게스트하우스에 다 퍼주시는 사장님이 있다고. 경주 게스트하우스는 경주역에서 걸어서 3분 거리, 경주 터미널에서는 15분 정도 걸리는 곳에 있는데다 500미터 반경 안에 첨성대, 안압지, 분황사가 자리한 그야말로 관광하기 딱 좋은 명당자리다. 도로에 내걸린 경주 게스트하우스 간판을 보고 사이 길로 들어오자 흰 타일의 삼층 건물이 보인다. 입구 앞 큰 야자수가 바캉스의 자유로운 분위기를 물씬 풍기고 있다. 건물 옆엔 자전거 수십 대가 빽빽이 세워져있고 차를 가져온 여행자들을 위한 널찍한 주차장도 돋보인다.

다섯 계단 정도를 밟고 올라가니 왼쪽에 리셉션이 있고 앞쪽으로 빨강, 노랑, 초록의 원색 의자들이 가득 놓인 라운지 공간과 공용 주방이 나온다. 이곳이 경주 게스트하우스 최고 자랑 24시간 개방형 주방이다. 24시간 개방. 식빵에 잼에 버터에 달걀에 커피에 심지어 쌀까지! 언제든 배가 고프면 나와 원하는 대로 해먹을 수 있다. 대체 이렇게 퍼주고도 유지가 될까? 게스트인 나에게 이런 쓸데없는 걱정까지 안기는 곳이다.

체크인 시간 전에 도착해 라운지 한편에 준비된 사물함에 짐을 넣어두곤 한결 가벼워진 걸음으로 게스트하우스를 살폈다. 모텔로 쓰던 삼층 건물을 게스트하우스로 만들었다. 그래서 각 방마다 화장실이 있고, 복도를 따라 일정하게 자리한 문을 열면 그 안에 또 다른 문이 있어 방음에 강하다. 일층 리셉션 옆으로 난 계단으로 다녀간 여행자들의 방명록이 계단 옆과 아래 면까지 줄지어 빼곡하게 붙어있다. 그 색색의 방명록엔 이곳에서 만나 결혼에 골인한 커플의 사연부터 잘 먹고 간다는 소소한 안부 글까지 수많은 추억들이 담겨있다.

경주 게스트하우스는 전국의 수많은 숙박업체 중 현재 350곳만 지정된 '굿 스테이'에 선정된 곳이기도 하다. 국내 게스트하우스 중 굿 스테이로 지정된 곳은 다섯 손가락 안에 들 정도다. 경주보다 경주 게스트하우스가 더 궁금해 오는 사람이 있을 정도로 여행자들 사이에서 유명한 곳이기도 하다.

짐을 맡겼으니 가벼운 발걸음으로 포석정으로 향했다. 사실 포석정 담 뒤에 우리 외갓집이 있다. 두 분 모두 아흔이 넘은 연세로 할아버지의 키는 190cm. 동네에서 키다리 할아버지로 통한다. 오랜만에 갑자기 찾아온 외손녀를 보고 놀란 할머니가 황급히 상을 차리신다. 나도 사온 황남빵을 꺼내놓았더니, 맛있게 드신다. 황남빵은 경주를 대표하는 특산품. 39년부터 경주토박이 한분이 황오동에서 만들어 팔기 시작했고, 지금은 그 아들들이 물려받아 황남빵의 역사를 이어가고 있다. 특히 우리 할머니 할아버지처럼 치

1 자전거를 빌려 탈 수 있다. 이용 요금은 하루에 5천원.
2 라운지에 마련된 색지에 방명록을 적을 수 있다. 나중엔 여행자들의 방명록으로 건물 전체를 덮을 예정이라고 한다.
계단에서 붙어있는 방명록을 읽는 재미도 쏠쏠하다.
3 계란과 식빵 등 간단한 음식들을 원하는 시간에 마음껏 먹을 수 있다.

아가 좋지 않은 어르신들도 말랑말랑해 씹기 좋고 국산 팥만을 엄선한 담백하고 달콤한 맛으로 아이들에게도 인기 만점. 아쉬워하시는 할머니 할아버지와의 짧은 만남을 뒤로 한 채 경주 박물관으로 향했다.

볼 것 많은 경주 구경하기

마침 경주 부모님댁에 와있던 내친구 하나와 동생 규오를 경주 박물관에서 만났다. 아주 어릴 때 와보고는 정말 오랜만에 와본다. 하나와 규오도 오랜만에 온다고 했다. 경주박물관엔 수학여행을 온 많은 중학생들로 북적였다. 박물관을 둘러보고 불국사로 걸음을 옮겼다. 불국사는 마침 석가탄신일로 색색의 등이 달려 장관을 이뤘다. 너무 열심히 올라왔나. 허기지다. 하나 동생 규오가 이 근처 아는 맛집을 추천했다. 바로 게장순두부 집이었는데, 게를 통째로 넣어 만든 순두부찌개는 이곳에서만 유일하게 파는 음식이란다. 게장순두부와 더불어 통통한 대게다리를 통째로 올린 부침개와 후식으로 나오는 사르르 입 속에서 녹아버리는 얼린 감, 그리고 약수 물로 지어낸 형광초록빛의 밥. 배를 두둑이 채운 우리는 안압지로 갔다.

안압지의 조명에 불이 들어오자 밤이 되길 기다린 많은 사람들이 안압지로 모여들었다. 안압지는 문무왕 때에 조성된 인공 연못인데, 이 안에서 꽃과 나무, 진귀한 동물을 길렀다고 한다. 밤이 되면 검은 연못에 그대로 비치는 정자들은 한 폭의 그림처럼 고혹적이다. 때문에 밤엔 수많은 여행자들과 사진작가들에게 사랑받고 있는 곳이다.

어느새 9시가 다 되어 숙소로 들어오니 라운지에 사장님과 또 다른 게스트들이 앉아 늦은 저녁을 먹다가 한 게스트가 "커피 드실 분~!" 외치더니 믹스 커피가 아닌 근사한 핸드 드립 커피 시연회를 한다. 바리스타 자격증도 있는 전문가란다. 그가 커피를 내리는 동안 사장님은 라운지의 테이블을 전부 길게 붙이기 시작했다. 각자 따로 온 여행자들이 금세 친해진다. 처음에 어색했지만 곧 여행이라는 공통 주제로 오래된 친구처럼 편안해진다. 갑자기 분위기가 들썩해지며 바리스타가 노래를 시작하고 사장님은 급기야 노래방 행을 제안하셨다.

공무원 시험을 치고 결과를 기다리며 여행 온 오빠, 피아노를 전공한다는 대구에서 온 그녀, 엄청난 폭발음을 내며 등장했던 고가의 오토바이를 타고 온 그, 따로 왔지만 만나보니 동갑에 같은 회계 쪽 일을 하던 언니 오빠 그리고 주인아저씨까지 우린 신나게 밤 늦도록 땡벌을 외쳤다.

60개국 여행자, 게스트하우스 주인 되다

영락없는 동네 아저씨같은 차림에 푸근한 인상을 한 주인장 아저씨. 그가 게스트하우스를 연 것은 일 년 반 남짓. 사실 오 년 전부터 게스트하우스를 차릴 생각으로 이 건물을 사뒀지만 가장이기에 대기업 부장 자리를 놓을 수가 없었단다.

그렇게 잘 참아오던 그가 돈을 벌다 죽는 사람, 돈을 쓰다 죽는 사람, 자신의 인생을 즐기다 죽는 사람 중 난 어디에 속하지?라는 고민 끝에 결국 그는 이 자리까지 왔다.

여행을 좋아해 전 세계 60개국 남짓을 다녔던 그는 자신이 사는 문화도시 경주에 젊은이들을 위한 여행 숙소를 만들어야겠다고 결심하기에 이른다. 이제 여행을 해도 모든 것이 무뎌져가는 자신의 나이. 하지만 아직도 젊은 시절처럼 감성이 충만했다.

젊은 나이에 많은 것을 보고 느껴야 하기에 숙소 때문에 여행을 포기하는 여행자들이 마음 아파 이곳을 오픈했다. 그래서인지 그는 이곳을 방문하는 여행자에게 마음껏 베푼다. 가르침도 동반한다. 어떤 가르침이냐고? '집 떠나면 개고생'이라는 가르침이랄까.

주방에서 밥이 아닌 쌀을 제공하는 이유도 직접 자기 손으로 밥해본 적이 없는 젊은이들이 많아 가르치려고 만든 방안이었고, 국내 게스트하우스에 거의 다 있는 샴푸가 이곳에 없는 이유도 외국 유스호스텔이나 게스트하우스엔 샴푸가 없으니 들고 다니는 걸 습관화 하라는 가르침이란다.

돈을 벌기 위해서가 아닌 문화를 팔기 위해 게스트하우스를 운영한다는 그. 경주 게스트하우스에 머물러본 결과, 사장님의 가르침은 글쎄? 집 떠나면 개고생이라니! 경주 게스트하우스는 여행자들의 낙원인 듯했다.

Other guesthouse

사랑채 게스트하우스

오래된 한옥으로 경주에서 가장 먼저 오픈한 게스트하우스다. 론리플래닛에 소개될 만큼 유명세를 자랑하며 외국인 여행자가 많다. 천마총 뒤쪽 골목에 있어 도보로 경주의 주요 관광지를 돌아볼 수 있다.

add _ 경주시 황남동 238-1
price _ 1~2인실 2만 5천원부터 3만원, 가족실 5만원
meal _ 토스트, 계란, 잼, 커피, 녹차, 생수 제공
tel _ 054-773-4868
web _ www.kjstay.com

락희원 게스트하우스

한옥 게스트하우스로 황토방이며 깔끔하게 꾸며져 있다. 경주 토박이 부부가 운영하는 곳으로 주요 관광지를 걸어서 돌아볼 수 있는 최적의 위치에 있으며 조식을 제공하지 않지만 공동 주방을 쓸 수 있다.

add _ 경주시 황남동 지영길 147
price _ 2인실 4만원부터 5만원, 4인실 7만원
meal _ 제공하지 않음
tel _ 054-745-6295
web _ uckywon7.cafe24.com

경주 게하의 유쾌상쾌통쾌한 명물 삼총사

경주 게스트하우스엔 24시간 개방 주방보다, 다 퍼주는 사장님보다도 더 유명한 삼총사가 있다. 나이가 제일 많지만 가장 어려보이는 요리 담당 첫째, 뽀얀 피부에 귀여운 눈웃음을 가진 사장님의 보좌관 둘째, 부산사나이의 무뚝뚝함이라고는 찾아볼 수 없는 장난기 가득한 커피 담당 막내가 바로 그 주인공이다.

요리 담당 첫째나 커피 담당 막내는 현재 서울과 부산에서 요리와 커피와는 무관한 일을 하고 있지만, 한식조리 자격증과 바리스타 자격증을 갖춘 실력파들이다.

그들의 인연은 경주 게스트하우스가 오픈하고 얼마 되지 않아 각자 홀로 온 여행에서 시작되었다. 같은 방은 아니었지만 여행자들의 소통을 중요하게 생각하는 사장님의 테이블 섞기 취미 덕에 만나게 됐고, 급속히 친해졌단다.

결국 둘째가 이곳에 상주하며 사장님의 보좌관 역할을 맡게 되자 나머지 둘의 발걸음이 더 잦아지기 시작했다. 이들은 엄연히 게스트지만 이곳 경주 게스트하우스에 오면 막내는 쉬지 않고 커피를 내리고 첫째는 프라이팬에서 멀어질 줄 모른단다.

가끔 서로가 그리울 때 종종 머무는 경주에서의 추억은 그들의 삶에 에너지를 준다. 그리고 이곳에 유쾌상쾌통쾌한 삼총사가 등장하는 날이면 여행자들은 그들을 통해 에너지를 톡톡히 충전한다. 맛있는 요리도, 핸드드립 커피도, 밤새 멈출 줄 모르는 여행이야기도 서로가 서로에게 추억이라는 에너지로 말이다.

아띠무아 게스트하우스

아띠무아 펜션과 함께 있는 게스트하우스로 게스트하우스는 여성 전용이다. 세계 40여 개국을 여행한 주인장이 운영한다. 보문관광단지와 경주월드에서 3분 거리에 있으며 파스텔톤 인테리어가 인상적이다.

add _ 경주시 천군동 862-14
price _ 도미토리 2만 2천원
meal _ 직접 만든 식빵 제공
tel _ 010-4086-9639
web _ www.attimua.com

호모노마드 게스트하우스

황남시장, 황남초등학교 근처에 있는 곳. 밖에서 보기는 평범한 한옥처럼 보이지만 안에 들어가면 이국적인 분위기를 풍기는 복층 구조로 되어있다. 일회용품 사용을 자제하는 친환경 게스트하우스로 독특한 분위기가 매력적이다.

add _ 경주시 사정동 166
price _ 도미토리 1만 8천원부터 2만 5천원, 2인실 4만 5천원
meal _ 토스트, 잼, 빵, 커피 등 제공
tel _ 010-8413-0803
web _ www.homo-nomad.com

불국사

경덕왕 10년(751)에 석굴암과 동시에 건설됐다. 한국 불교를 대표하는 사찰로 유네스코가 지정한 세계문화 유산이다. 경주 토함산 기슭에 있으며 석굴암과 함께 신라 불교예술의 귀중한 유적으로 꼽힌다. 특히 신라 양식 그대로 지어진 석가탑과 다보탑이 이곳의 최고 볼거리다. 서로 다른 두 탑은 한 공간에 세워져있지만 이질적인 느낌이 들지 않는데, 그 모습엔 당시의 뛰어난 디자인 감각이 고스란히 담겨있다. 매년 수백만의 내외국인 방문객들이 한국의 뛰어난 불교예술작품들이 자리한 불국사를 찾고 있다.

add _ 경주시 진현동 15 | **tel** _ 054-746-9913 | **web** _ www.bulguksa.or.kr

안압지

신라 왕궁의 별궁터다. 왕자가 거처하는 동궁으로 사용되면서, 나라의 경사가 있을 때나 귀한 손님을 맞을 때 이곳에서 연회를 베풀었다고 한다. 문무왕 14년(674)에 큰 연못을 파고 못 가운데에 3개의 섬과 못의 북.동쪽으로 12봉우리의 산을 만들었으며, 여기에 아름다운 꽃과 나무를 심고 진귀한 새와 짐승을 길렀다고 전해진다. 안압지는 신라 원지를 대표하는 유적으로 연못 가장자리에 굴곡을 주어 어느 곳에서 바라보아도 못 전체가 한눈에 들어 오지않게 만들었다. 좁은 연못을 넓은 바다처럼 느낄 수 있도록 고안한 신라인들의 예지가 돋보인다.

add _ 경주시 인왕동 | **tel** _ 054-772-4041

국립경주박물관

성덕대왕신종(국보 제 29호, 에밀레종)을 비롯한 신라시대의 유물을 전시하고 있다. 박물관은 고고관, 미술관, 안압지관, 옥외전시관, 특별전시관, 어린이박물관으로 구성되며, 소장유물 8만여 점, 그 중 3,000여 점을 상설 전시하고 있다. 2009년 2월 25일 기준 소장하고 있는 지정문화재는 국보 13점, 보물 30점으로 볼거리가 가득하다.

add _ 경주시 인왕동 76 | **tel** _ 054-740-7500 | **web** _ gyeongju.museum.go.kr

서출지

'경주의 연못'하면 모두 안압지만 떠올리지만 남산 아래에 있는 서출지도 있다. 안압지만큼 화려하지 않아 경주를 방문하는 관광객 100명 중 한 명 정도만 이곳에 방문한다. 하지만 이곳은 인위적으로 꾸며진 연못이 아닌 자연적으로 생겨난 곳. 그만큼 연꽃이 가득한 아담한 연못과 정자가 어우러지는 모습은 천 년의 고도 경주의 또 다른 아름다움이다. 신라 소지왕 10년(488년)에 왕이 까마귀 덕분에 이 연못을 발견하고 목숨을 구할 수 있었다는 전설이 있어 정월보름날은 오기일이라 하며 찰밥을 준비해 까마귀에게 제사지내는 풍습이 생겨났다.

add _ 경주시 남산동 973 | **tel** _ 054-779-8743

양동마을

전통 민속마을 중 가장 큰 규모와 오랜 역사를 가지고 있는 우리나라의 대표적인 반촌으로 특이하게 손(孫), 이(李) 양성이 어울려 500여 년의 역사를 이어온 유네스코 세계문화유산이다. 보존 및 볼거리, 역사적인 내용 등에서 가장 가치가 있는 마을이다. 조선시대 양반주택을 포함하여 이를 에워싸고 있는 고즈넉한 110여 호의 초가로 이루어져 있다. 전국적으로 많은 민속마을이 있지만 양동마을처럼 세련된 기와지붕부터 소박한 초가집까지 다양한 가옥의 구성을 보여주는 곳은 드물다. 한때 꼬리 없는 개로 멸시 받아 멸종 위기에 놓였던 '경주개'를 마을 곳곳에서 볼 수 있는데, 경주개는 진돗개의 모습을 한 짧은 꼬리를 가진 토종개다.

add _ 경주시 강동면 양동리 94 | **tel** _ 070-7098-3569 | **web** _ yangdong.invil.org

옥산서원

경주 옥산서원 주변은 경치 좋은 도덕산, 자옥산 일대에서도 가장 시원스러운 계곡미를 자랑한다. 서원 앞을 흘러가는 계곡물엔 너럭바위들이 시원스레 깔려 있는데, 짙은 그늘 아래 이 바위에 앉아 쉼 없이 흘러가는 물소리를 듣노라면 온갖 시름이 절로 씻겨질 듯하다. 경주 옥산서원은 이언적을 기리는 서원이다. 500년 전, 동방오현의 한 사람이자 조선의 대표적인 성리학자 회재 이언적(1491~1553)도 이곳에서 학문에 열중하다 이렇게 쉬었을 법하다. 서원 앞의 너럭바위에는 그가 새겨놓은 '세심대(洗心臺)'라는 글씨가 아직도 또렷하다. 서원 가운데 가장 많은 책을 보관하고 있는 곳이기도 하다.

add _ 경주시 안강읍 옥산리 7 | tel _ 054-762-6567

첨성대

동양에서 가장 오래된 천문대라고 알려져 있으나 이에 대해선 이견이 있다. 천문을 관측하던 곳이 아니라 천문대를 상징하는 기념탑이라 말하기도 하고, 불교에서 말하는 수미산을 본떠 만든 건축물이라 하는 사람도 있고, 사방 어디에서 보나 똑같은 모습 때문에 해시계라고도 한다. 이렇듯 첨성대의 용도엔 이견이 있으나, 첨성대의 구조 자체는 매우 과학적이다. 첨성대의 계단을 쌓은 돌의 개수는 1년의 날짜수와 같고, 둥글게 쌓은 몸통은 27단으로 건축한 선덕여왕과 관계(선덕여왕이 27대 신라왕)가 있을 정도로 과학적 설계가 눈에 띈다. 해서 그 용도보단 첨성대를 이룬 돌 하나하나에 담긴 상징적인 의미를 두고 주목해 볼만하다.

add _ 경주시 인왕동 839-1 | tel _ 054-772-5134

황남빵

천안의 호두과자처럼, 경주의 대표적인 간식으로 알려진 황남빵. 1935년 한 할아버지가 처음 만들기 시작한 황남빵은 경주시 향토 명과로 지정되었고, 그 비법을 아들들에게 전수해 그 맛을 이어나가고 있다. 특히 얇은 밀가루 피 안에 듬뿍 국내산 팥소를 채워 경주를 방문하면 꼭 먹어봐야 하는 먹거리다.

add _ 경주시 황오동 347-1 | tel _ 054-749-7000
price _ 황남빵(20개) 1만 4천원, (25개) 2만 천원

포석정

경주 남산 서쪽 기슭에 위치해 있으며, 역대 왕들이 돌로 구불구불한 도랑을 타원형으로 만들고 도랑에 물을 채우고 잔을 띄워 시를 읊으며 화려한 연회를 벌였다고 전해진다. 신라 제55대 경애왕이 견훤군에 의해 죽음을 맞이한 곳이기도 하다.

add _ 경주시 배동 454-3 | **tel** _ 054-745-8484

경주맛집_ 금성관 (게장순두부)

경주에서만 맛볼 수 있다는 게장을 넣어 만든 순두부찌개. 대게뚜껑에 밥을 비벼 먹는 사람들을 보고 주인장이 개발한 음식으로 대게의 고소하면서도 담백한 국물과 부드러운 순두부와의 조화로 입소문이 자자하다. 그밖에 두툼한 대게 다리가 통째로 올라간 해물파전과 약수물로 지은 형광 연두 빛의 밥도 일품! 음식을 다 먹고 나면 후식으로 누룽지와 얼린 감이 나온다.

add _ 경주시 동천동 930-1 | **tel** _ 054-745-4371
price _ 순두부 8천 5백원 , 해물파전 2만원, 간장게장 1만 7천원 양념게장 1만 2천원

안강 고디탕

'고디'는 다슬기를 일컫는 경상도 사투리다. 약 18년 동안 한자리에서 고디탕을 파는 전문식당으로 겉모습은 허름하지만 식사시간에 가면 고디탕을 먹으려는 사람들로 문전성시를 이룬다. 영천 고디를 공급받아 재료로 쓰며 들깨와 고디로 만든 육수가 개운하면서도 독특한 맛을 낸다. 밑반찬으로 제공되는 계절나물들도 싱싱하고 깔끔하다.

add _ 경주시 안강읍 하곡리 627 | **tel** _ 054-762-0352
price _ 고디탕 7천원, 비빔밥 1만원

나비야 게스트하우스

야생화 꽃내음 가득한
싱그러운 방

Writer's Comments

꽃향기 사람 냄새 가득한 나비야 게스트하우스는 수목원을 만드는 것이 꿈이라는 주인장이 운영하는 곳. 마당 여기저기에 심어진 야생초만 150여 가지. 춘천하면 떠오르는 '닭갈비'를 저렴한 가격에 마당에서 장작불로 직접 구워먹을 수도 있고, 무엇보다 사장님이 게스트들과 함께 먹으려고 마당에 심은 갖은 유기농 채소를 그 자리에서 씻어 먹는 맛은 그야말로 일품! 마당에 마련된 수십 대의 자전거도 무료로 대여가능하다. "자전거 빌리는 게 무료지. 저 자전거가 무료가 아닌데 사람들은 자전거의 가치를 무료로 생각하지 뭐야." 사장님의 말이다. 돈을 주고 대여한 자전거는 오히려 아끼면서, 무료로 배려해주면 막 쓰는 사람들이 많다고. 여행자여, 사장님의 배려를 함부로 하지 말자!

나비야 게스트하우스

add _ 춘천시 서면 서상리 1054
price _ 도미토리 2만원,
　　　　　2인실/4인실 5만원~6만원
　　　　　(성수기엔 1만원씩추가)
in & out time _ 2시 · 11시
meal _ 식빵, 잼, 우유 제공
service _ 드라이기, 거울, 커피포트,
　　　　　수건, 와이파이 등
tel _ 011-377-2402, 033-243-1970
web _ www.춘천게스트하우스.com

1,2 꽃들로 가득한 나비야 게스트하우스로
들어가는 길과 ㄴ자의 한옥 모습.
3 오래된 고가구와 추억의 물건들로 꾸며
놓은 도미토리 방.
4,5 사무실과 주방으로 쓰이는 공간
'편우당'. 조식을 직접 만들어 먹을 수 있다.
6 주인장에게 미리 말하면 마당에서 장작
구이를 해먹을 수 있게 불을 지펴준다.

자연미가 넘치는 한옥, 꽃 향기로 가득한 곳

전국의 게스트하우스에 다녀본 결과 게스트하우스가 좋은 이유는 세 가지로 구분된다. 호스트가 좋은 숙소, 위치와 시설이 좋은 숙소, 모이는 게스트들이 좋은 숙소. 이곳 나비야가 좋은 이유는 무조건 사장님이다. 물론 시설도 수준급이다. 럭셔리와는 거리가 있지만 토속적이고 그윽한 분위기의 시설도 이곳의 빼놓을 수 없는 자랑이다. 그래도 여행자들이 이곳을 찾는 이유는 단 하나 사장님 때문이라 확신한다. 여행 중 게스트들과의 대화엔 단연 게스트하우스 이야기가 등장한다. 그때마다 게스트하우스 마니아 층이 손꼽는 '탑3'에 춘천 '나비야'는 항상 순꼽혔고, 내 궁금증이 커질 대로 커진 상태에서 춘천 툇골 유원지 입구에 있는 나비야에 발을 들였다.

입구에 붙은 커다란 나비야 간판. 나비야는 딱 저 간판 같다. 나비야라는 이름처럼 귀엽고 아기자기한 정원이 한 가득이고, 제멋대로 자란 나뭇가지를 주워다 붙인 글씨처럼 자연미가 듬뿍 묻어난다. 간판 옆 입구에 적힌 '인생의 세 가지 즐거움'이라는 글귀가 이곳의 분위기를 말해준다.

"문 닫고 마음에 맞는 책을 읽는 것, 문 열고 마음에 맞는 벗을 맞는 것, 문 나서서 마음에 맞는 경치를 찾아 떠나는 것. 이것이야말로 인생의 세 가지 즐거움이다." 왠지 입구 앞에 딱 세워져 읽지 않으면 길을 비켜주지 않을 것처럼 느껴지는 글귀를 읽고 안쪽으로 들어섰다. 바로 왼쪽으론 큰 꽃망울들이 열매처럼 주렁주렁하다. 꽃길을 따라 열 걸음 정도 걸어 들어가 오른쪽으로 몸을 돌리면 잘 왔다 환영하며 두 팔 벌린 모양을 한 ㄴ자 한옥이 나온다.

한옥 가로와 세로축이 만나는 지점엔 사무실 겸 주방이 자리해 있는데 문 앞에 다가가 사장님을 불러도 인기척이 없다. 전화를 해보니, 근처로 단체손님 픽업을 갔다 오는 길이라며 조금만 둘러보고 있으란다. 소문에 의하면 사장님은 한옥에 관심을 가지고 한옥학교에 들어갔고, 이곳에 한옥을 직접 설계하고 지었다고 한다. 벽에 누런 진흙과 허연 진흙에 툭툭 손으로 투박하게 재단한 기왓장 파편들이 빼곡하게 채워져 있다. 수작업하면서 얻어진 파편들의 단면은 아주 조그마한 것까지도 같은 모양이 없이 제각각이다. 꽉 채워진 서로 다른 모양의 이빨들을 가만 보고 있노라면 그 노고가 느껴진다.

한옥 모양을 따라 마당 안쪽으로 둘러진 마루에 앉아 정원을 바라봤다. 사계절 내내 피고 지는 다양한 꽃들을 심어 두었는데, 작은 야생초부터 갖가지 채소, 보기 드문 찔레꽃까지 총 150여 가지의 꽃이 게스트하우스 주변으로 심어져있다. 이곳 사장님의 야심작은 아마 직접 만든 한옥보다 정원일 게다. 내가 예약하려고 전화를 걸었을 때도 사장님은 방은 몇 인실이고, 체크인은 언제고, 서비스는 무엇인지 따위가 아닌 이번 주

1 마루를 따라 방이 쪼르르 붙어있고 직접 잘라 서로 다른 이를 가진 파편들이 벽면을 장식하고 있다.
2 방 곳곳에 주인장이 모아온 고가구들이 놓여 있다.
3 가족 룸은 방안에 화장실이 있고, 도미토리는 공동화장실과 샤워실이 있다.
4 마당에서 입구를 바라본 모습. 오른쪽으로 주인장이 가꾸는 화원이 있다.

꽃이 언제까지 피니 어느 때 오는 게 좋은지 지금 오면 무슨 꽃을 볼 수 있는지를 이야기했다. 내가 게스트하우스에 전화한 게 맞는지 의심스러웠는데 직접 와 보니 꽃 자랑 하실 만하다. 더운 날씨에도 꽃들은 생기를 뿜냈다. 바람 따라 처마에 매달린 풍경이 딸랑딸랑거리고, 앞으로 보이는 큰 나무 잎사귀들이 살랑살랑거리고, 만발한 꽃들로 꽉 찬 정원 사이 흰 나비 한마리가 팔랑팔랑거린다. 구름도 이곳에선 노래하듯 지나간다.

가족들도 이용하기 좋은 게스트하우스

아무렇게나 앉아있다 소란스런 아주머니들 소리에 일어나니, 긴 머리를 휘날리며 작은 남자 한 명이 아주머니 네 명을 이끌고 들어온다. 처음엔 멀리서 보고 아주머니 다섯인 줄 알았다. 아주머니들은 입구에서부터 소녀처럼 꽃구경을 하며 어쩜 이렇게 멋있게 해놓았냐며 감탄사를 날린다.

사장님은 내게 공동 주방 사용하는 법과 내일 아침 챙겨 먹을 빵이 어디에 있는지, 그리고 간략한 춘천 정보를 알려 주고 방을 보여줬다. 이곳에는 남녀 도미토리 방이 각각 하나, 2인 이상 머무르는 가족 룸이 세 개 있다. 가족 룸은 모두 방 안에 화장실이 있고, 도미토리는 화장실과 샤워실이 따로 있다. 방문을 열자 여섯 명이 사용할 수 있는 공간이 나온다. 흰 벽지에 검은 나무대의 이층침대, 사장님이 모았다는 골동품들이 전시되어 있어 고전적인 느낌이 풍긴다.

네 분의 아주머니는 꽃구경을 멈추고 가족 룸으로 들어가셨다. 같은 성당에 다니던 친구 분들이라는데 지금은 전부 이사 가서 떨어져 산다고 했다. 사장님이 춘천의 투어버스 자원봉사를 하시는데, 그때 인연이 된 한 아주머니가 친구들을 데리고 오신 거란다. 대부분의 게스트하우스 이용자는 20대에서 30대. 외국은 유스호스텔에 노부부가 있어도 자연스러운데, 우리나라는 아직 나이 드신 분들이 게스트하우스에 등장하면 어색한 분위기가 연출된다. 근데 이곳은 아니다. 가족들도 편하게 쉬어 갈 수 있는 추천하고 싶은 게스트하우스다.

난 아주머니 게스트 분들이 괜히 반가웠다. 방으로 들어가 계속 그렇게 한옥 속 병풍처럼 가만히 누워 있던 그녀들이 날이 어두워지자 부산해졌다. 정원에서 사장님이 장작을 태우고 항아리 속에 장작을 넣어 불판을 만든다. 이곳의 하이라이트는 밤에 시작된다. 사장님께 미리 말해 사놓은 숯불 닭갈비와 아주머니들이 가지고 오신 고기 보따리를 풀었다. 춘천하면 닭갈비. 모닥불을 마당 한쪽에 피우고 정원에서 구워먹을 수 있는 장비를 준비해 주신다. 거기에 사장님이 직접 담은 김치와 정원에서 따온 갖은 채소

1 바람이 불면 처마 끝에 붙은 풍경이 딸랑거린다.
2,3 시티투어버스로 자원 봉사나가시는 사장님과 인연이 되어 나비야 게스트하우스에
여행 오신 아주머니들.
4 춘천 수목원 제이드가든 가는 길.
5 녹색 강물과 산이 평화로운 느낌을 자아내는 춘천. 날이 더워지면 수상스키를 타는
사람들을 볼 수 있다.

4

5

들까지 한상 푸짐하게 차려진다. 아주머니 네 분, 사장님 그리고 나 우리 여섯은 빙 둘러 앉아 고기를 구워먹었다. 아주머니들은 우리 엄마보다도 더 나이가 있으신 분들. 내가 제일 막내다. 집게와 가위는 막내의 필수품.

"고마워, 자네 아니었으면 내가 막내라 계속 가위질만 할 뻔 했어. 원래 이렇게 넷이 가면 내가 가위 담당이거든~."

내 옆에 앉아 계시던 아주머니가 속삭였다. 철저하게 준비해온 그녀들 덕에 고기에 누룽지에 고구마까지 골고루 배부르게 먹었다.

어둠이 내려앉은 저녁, 마당 한구석 불이 죽지 않은 모닥불에 둘러앉았다. 어린 시절 학교에서 모닥불 난로 때던 기억이 난다. 오랜만에 본다. 딱딱 나무 타 들어가는 소리도 오랜만이다. 이글이글 타오르는 불이 눈 안 가득 들어오는 흔들림도 오랜만이다. 귀뚜라미 소리도. 여기가 정녕 게스트하우스가 맞나, 캠핑장과 수목원으로 이어지는 어느 중간 지점쯤 되는 것 같다.

한옥을 사랑하고 꽃을 사랑하는 주인장

"사장님 저 돈 냈어요~!!"

주방 한 벽에 낙서들 중 제일 눈에 띄는 다른 게스트들의 같은 문장들. 사장님께 물어보니 마당에서 고기 먹으며 한잔하며 게스트들이 더 묵을 숙박비를 건네면 잘 까먹는 사장님은 솔직하게 묻는다.

"기억이 안 나서 그러는데 너 돈 냈니?"

대놓고 저렇게 물어보는 호스트는 아마 여기가 유일할 것이다. 사장님은 매우 친절하지도 그렇다고 불친절하지도 않은 딱 그 중간이다. 주인이기 때문에 베풀어야 한다는 의무감도 없고, 진심이 없는 무성의한 친절도 그에겐 없다. 필요하면 묻고 가능하면 해주고 넘쳐서 부담스럽지도 부족해서 불편하지도 않다. 그래서 그에게는 호스트의 느낌을 찾아보기 힘들다. 동네 오빠 같고 동네 형 같고, 그와 이야기를 하고 있으면 호스트와 게스트가 아닌 사람과 사람의 느낌이 난다.

그래서 아무거리낌 없이 그는 대놓고 묻는다.

"너 돈 냈니?"

그럼 또 게스트들은 "형~!! 저 냈잖아요." 아무렇지 않게 이야기한다. 그런 편한 느낌 때문인지 게스트들은 사장님 얼굴만 보면 고민을 털어놔 사장님은 카운슬러 무릎팍 도사가 된 기분이란다.

사장님은 한옥을 짓고 싶어 한옥학교에 들어갔고 그곳에서 머릿속으로 그려오던 한옥을 이곳에 지었다. 이곳 나비야 바로 옆집이 사장님 가족이 사는 집이다. 가끔 마당에 꼬마 두 명이 와서 자전거를 타고 유유히 사라지면 그 아이들이 사장님네 딸과 아들이다.

나비야는 처음부터 게스트하우스가 아니었다. 마당에 기르는 유기농 나물들로 차린 웰빙 한정식 집이었다. '한정식 나비야'의 인지도는 지금보다 더 굉장했다. 매일 이른 새벽부터 김치를 담그고 밥을 차리고 오는 사람을 맞이하고 가는 사람을 배웅하며 정신없게 달려오던 어느 날. 불철주야 성수기에 아주머니 두 분이 그만 두면서 그의 질주는 잠시 브레이크를 맞이한다. 그는 고민에 빠졌고 문을 걸어 잠갔다. 그리고 다시 열 용기가 나지 않았단다. 대책을 세워야 했다. 무엇을 할지 생각하고 또 생각했다. 그의 고민이 정리되기 전까지 자물쇠는 열리지 않았다. 한정식 집을 하기 전부터 춘천 시내에 게스트하우스를 오픈하고 싶었던 그는 고이 접어 두었던 게스트하우스라는 열쇠를 꺼내든다. 내부구조를 바꾸고 본격적으로 문을 열게 된다.

사장님은 딱 소문 그대로였다. 긴 머리카락에 여성스러워 보이는 손짓 그러면서도 투박한 생각. 섬세한 것 같으면서도 대범한 말투. 그리고 단 1%의 이성도 없는 사람같이 감성덩어리 그 자체. 꽃 한 송이 이름 물어볼라치면 그 주변 꽃들 이야기까지 해주는 자연을 사랑하는 남자. 자연을 말할 때 그의 눈은 별이 된다. 반짝이는 그의 눈을 보고 싶다면, 주인장과 친해지고 싶다면 방법은 쉽다. "저 꽃 이름이 뭐예요?" 물으면 된다.

스물 아홉 그녀의 위로 같은 여행

그날 밤 도미토리 방엔 나와 그녀뿐이었다. 마당에서 고기를 먹자니 한사코 바람을 쐰다고 나가버린 그녀. 모닥불 씨가 다 죽어 갈 때쯤 나비야로 돌아왔다. 그녀의 나이는 이십대 후반. 회계 일을 한다. 내가 그녀 신상에 대해 아는 건 이게 전부다.

그저 춘천에서 멀지 않은 곳에 살지만, 혼자 하는 여행은 처음이라 겁이 나기도 했단다. 그래도 춘천에서 대학을 다녔으니 다른 도시보다는 낯설지 않아 휴가를 내어 춘천으로 여행을 왔다.

그녀에게 들으니 이십대 후반은 참 힘든 것 같다. 나이는 가끔 숫자에 불과하다지만 압박의 근원이 되기도 한다. 그 나이엔 그래야지, 이 나이엔 이래야지. 니 나이엔 꼭 해야지. 이뤄야 하는 것들은 많아지고 시간은 빠르게 지나간다. 가끔 우리 엄마도 내게 말한다.

"그 나이 먹고도 그러고 싶니?"

내 나이가 뭐? 나는 나이를 먹어도 지금처럼 살고 싶다. 어른들은 이상하게 제대로 된 이유가 없으면 무조건 나이를 걸고 넘어진다. 근데 생각해보니 나 역시 어른이다. 언니의 이런저런 이십대 후반의 고충을 들으니 나이 먹기 싫다. 나한테도 스물 아홉이 오겠지? 난 이십대 후반엔 무조건 독립해야겠다. 이십대의 끝자락의 여행이 그녀에게 위로가 되길 바란다.

남이섬

둘레 6km 정도의 섬으로 8만여 평의 잔디밭이 조성되어 있고, 밤나무, 포플러나무들이 병풍처럼 서 있어 산책하기 그만이다. 사계절 자연의 아름다움과 운치를 간직한 곳으로 젊은이들에게는 낭만을, 연인들에겐 추억을, 가족들에겐 따사로운 정을 주는 휴식공간이다. 드라마 '겨울연가'의 촬영지로, 일본 동남아 관광객들까지 찾아오는 유명 관광명소. 남이섬은 매년 어린이 세계 책 나라 축제를 열고, 저개발국가 어린이를 돕는 사업 운영을 인정받아 2010년 12월 유니세프 어린이 친화공원에 등록되었다.

add _ 춘천시 남산면 방하리 198 | **tel** _ 031-580-8114 | **web** _ www.namisum.com

제이드가든 수목원

'제이드가든'은 동화처럼 잘 꾸며진 수목원이다. 경춘선 '굴봉산'역에서 10시부터 4시까지 매시간 45분에 셔틀버스가 운행된다. 유럽의 느낌이 물씬 풍기는 수목원은 A, B, C코스로 나누어져 있으며, 각 코스당 1시간 정도 소요된다. 이국적인 느낌이 수목원 곳곳에 풍기니 예쁜 사진을 원하는 여행자는 가볼만하다. 장근석, 윤아 주연의 드라마 '사랑비'의 촬영지로 춘천여행자들의 필수코스로 자리 잡고 있다.

add _ 춘천시 남산면 서천리 산111 | **tel** _ 033-260-8300
web _ www.jadegarden.kr | **open** _ 9시부터-일몰시

더 하우스

아시아 top 3에 뽑힌
세계 여행자의 집

Writer's Comments

속초 더 하우스는 '호스텔북커스닷컴'에서 매년 아시아 국가 중 딱 세 군데만 수여하는 '우수 호스텔'에 2년 연속 뽑힌, 그야말로 세계의 여행자들에게 인정받는 곳이다. 속초에 이런 게스트하우스가 있다니! 오래된 여관 건물을 직접 리모델링해 만든 숙소는 새 것과 비교할 수 없는 애틋함을 자아낸다. 도미토리 가격에 1인실을 배정받을 수 있는 유일한 곳으로, 각방마다 화장실과 깔끔한 스텐 욕조를 갖추고 있다. 쉬고 싶은 사람은 방에서 쉬면 되고 여행자와 친해지고 싶은 사람은 마당과 주방으로 나오면 된다. 처음엔 아무것도 없이 썰렁했다는데, 오픈 4년이 넘어가는 지금은 사장님이 채워놓은 작은 소품들과 여행자들의 이야기로 가득한 공간이다. 친절한 사장님 부부 그리고 사장님의 어머니까지 마음 좋은 가족이 운영하는 곳! 오징어순대로 유명한 아바이 마을과 가을동화의 촬영지인 갯배 근처다.

add _ 속초시 동명동 452-5
price _ 1인 2만원, 2인 3만 5천원,
       3인 5만원, 4인 6만원
       (공휴일-1만원 추가,
       성수기-7월13일~8월 25일-2만원
       추가)
in & out time _ 3시 · 11시
meal _ 토스트, 시리얼, 우유, 커피, 잼, 버터
tel _ 033-633-3477, 017-713-0550
web _ www.thehouse-hostel.com

1 분위기있는 이탈리아 노천 카페를
옮겨놓은 것 같은 더 하우스의 마당.
2,3 게스트하우스 곳곳에 걸린
예술작품과 앤티크한 인테리어가 멋스럽다.
4,5 조식으로 제공되는 시리얼과 토스트.
6 TV와 화장대, 침대가 갖춰진 방.
7 각 방마다 스텐으로 마감된 깔끔한
욕조가 딸린 화장실이 있다.

부모님이 하던 오래된 여관을 근사한 게스트하우스로

한국 사람들은 새것을 좋아한다. 번쩍번쩍한 새 차를 좋아하고, 발이 아파도 새 신발을 좋아한다. 그리고 새 집을 좋아한다. 하지만 어디에나 예외는 있는 법. 바로 이곳. '새것'이라는 말과는 거리가 아주아주 먼, 지어진 지 족히 30년은 넘었을 건물에 차려진 '더 하우스'가 그렇다. 인상 좋은 젊은 사장님은 부모님이 운영하던 여관 건물을 게스트하우스로 탈바꿈시켰다. 서울에서 살던 아들이 자신들 때문에 속초까지 와서 여관을 한다니, 부모님은 아들의 혼삿길이 막힐까 처음엔 반대했다. 그가 이곳에 왔을 땐, 이제 막 주변엔 좋은 숙박업체들이 생겨나던 시절이었고 그는 이곳을 살릴 방법을 생각했다.

그러던 어느 날, 문득 유럽 여행의 기억이 떠올랐다. 유럽의 건물은 오래될수록 그 가치가 올라간다는 말. 하지만 한국은 달랐다. 무조건 새 것을 원하고 낡은 것은 아무도 원하지 않았다. 이 오래된 건물에 올 사람은 더 이상 없어보였다.

'그렇다면 일단 외국인을 위한 여행자 숙소를 만들자.'

그는 오래된 것을 더 가치 있고 소중하게 생각하는 외국인들이라면 이 공간을 사랑해주겠구나 확신이 들었다. 그렇게 '더 하우스' 라는 공간이 만들어졌다. 안방의 천장을 뜯어내고 앤티크한 주방을 만들고 방의 벽을 몇 개 허물어 리셉션도 넓히고 허름한 마당엔 비 오는 날에도 편히 쉴 수 있도록 낭만적인 지붕을 만들었다.

처음 오픈하곤 사이트도 없이 주변 관광안내소를 찾아다니며 혹시 숙소를 찾는 여행자가 있으면 보내 달라 몇 날 며칠 명함만 돌렸다. 그렇게 하나둘 찾아오던 외국여행자들은 그의 생각대로 사람 냄새나는 더 하우스의 매력에 빠졌들었다. 이젠 스물 한 개에 달하는 방은 예약을 하지 않고 왔다가는 발걸음을 돌려야 할 정도로 국내외 여행자에게 사랑을 받는 인기 숙소가 되었다.

더 하우스는 속초 시외버스터미널에서 걸어서 5분 정도 걸린다. 시외버스터미널에서 내려 사장님이 알려주는 골목으로 들어서면 검정 바탕에 흰 글씨로 씌여있는 간판을 만날 수 있다. 간판을 따라 고개를 조금 들면 형광라임색의 3층짜리 건물이 보인다. 허름한 건물인데 가까이 갈수록 이탈리아 어느 브런치 카페처럼 분위기 있는 공간으로 다가온다. 지붕에 걸린 색색의 긴 천들은 바람이 불면 다른 기둥과 기둥사이를 오가며 반원을 그린다. 숙소 입구로 들어서면 또 한 번 반하게 된다. 황학동 오래된 골동품 가게 옆 앤티크 소품 가게에 들어온 것 아닌가 착각하게 만들 만큼 앤티크한 가구와 소품들로 가득하기 때문이다. 화가들의 명작, 속초 사진, 온갖 나라의 이야기를 담고 있는 소품, 작고 앙증맞은 화분들이 채워진 선반 위로 매달린 오래된 샹들리에…….

1 여행자들이 선물한 이야기가 담긴 소품들이 곳곳에 걸려있다.
2 은은한 빛을 뿜는 샹들리에가 달린 복도.
3 커피 생각이 절로 나는, 카페테리아 분위기의 마당은 비오는 날 더 운치 있다.

리셉션에 올려진 부재중이라는 글을 보고 두리번거리니, 옆으론 주방 가는 문과 주방 안이 들여다보이는 길쭉한 창이 있다. 안에서 안을 들여다보는 창이 독특하다. 짐을 들고 주방으로 들어갔다. 주방은 햇살로 가득했고, 평화로웠다. 뜨거운 커피를 들고 여섯 명 정도 앉을 수 있는 오래된 나무 테이블을 지나 구석에 있는 컴퓨터에 앉았다. 중앙 테이블에 놓인 6개의 의자는 서로 모양이 다르다. 왠지 내 집처럼 편안하다. 주방에는 고급스런 금테가 둘러진 접시들이 있고 반대쪽 수납장 위로 게스트를 위한 컵과 그릇이 있다. 한쪽 모서리에 있는 나무는 온통 여행자들의 사진과 잘 쉬고 간다는 편지들로 풍성하다.

내가 앉은 자리 옆, 마당을 향한 전체 창으로 시원한 속초 바람이 솔솔 들어왔다. PC 위엔 오랜만에 보는 PC용 카메라가 모니터 중앙에 앉아있다. 일명 '캠'. 여행 중 그리운 가족과 친구들에게 영상 통화를 할 수 있게 마련한 사장님의 배려다. 바람이 들어오는 주방 밖으로 한걸음만 내딛으면 바로 마당이다. 마당은 높이가 다른 아랫 마당과 윗 마당으로 나눠진다. 아랫 마당엔 구름처럼 토실토실한 하얀 털을 뽐내는 '구르미' 라는 개 한 마리가 있는데, 이곳을 오가는 많은 사람들 때문에 구르미가 힘들어 하며 귀찮게 하면 문다고 건드리지 말라는 문구가 보였다. 구르미에게 향하던 손을 다시 내 앞으로 가져왔다.

구르미를 뒤로 하고 윗마당으로 올라가니 윗마당에는 팝 아트 작품들이 벽에 붙어 있고, 춤추듯 걸려있는 긴 천들이 천장을 타고 흔들린다. 그곳 한 테이블엔 홀로 앉은 여자가 있었다. "좀 드실래요?" 눈이 마주치자 보라색 모자를 쓴 그녀가 말했다. 근처 아바이 마을 특산품 오징어순대였다. 난 그녀의 앞에 앉았다. 유쾌한 사투리를 쓰는 이십대 후반 언니. 물리치료사인데 병원을 옮기게 되면서 중간에 시간이 되어 여행 중이라고 했다. 사장님을 기다리며 아직 보지 못한 이곳 방에 대한 이야기를 들었다.

그녀의 말에 의하면 스텐으로 된 욕조가 있는 1인실의 방이라고 했다.

"1인실이라고요?" 분명 가격은 도미토리 가격인데 1인실이라니. 사장님을 따라 방 배정을 받고 올라가니 정말 1인실이다. 이곳은 도미토리가 없고 도미토리 가격에 모두 1인실을 준다.

방도 일층의 공용공간에 비할 바는 아니었지만, 초록 페인트로 칠한 방문, 붉은 벽지, 일인용 침대와 텔레비전, 화장대까지 말도 안 되는 금액에 말도 안 되는 서비스였다. 난 또 한번 이곳에 반했다. 방에서 뒹굴거리다 1층으로 내려오니 사장님이 리셉션에 앉아있다. 사장님은 1월에 결혼한 신혼이어서 그런지 왠지 새신랑 분위기가 물씬 풍긴다. 사장님과 이런저런 이야기를 하는데, 이 늦은 저녁에 예약도 없이 찾아온 여행자가 발길

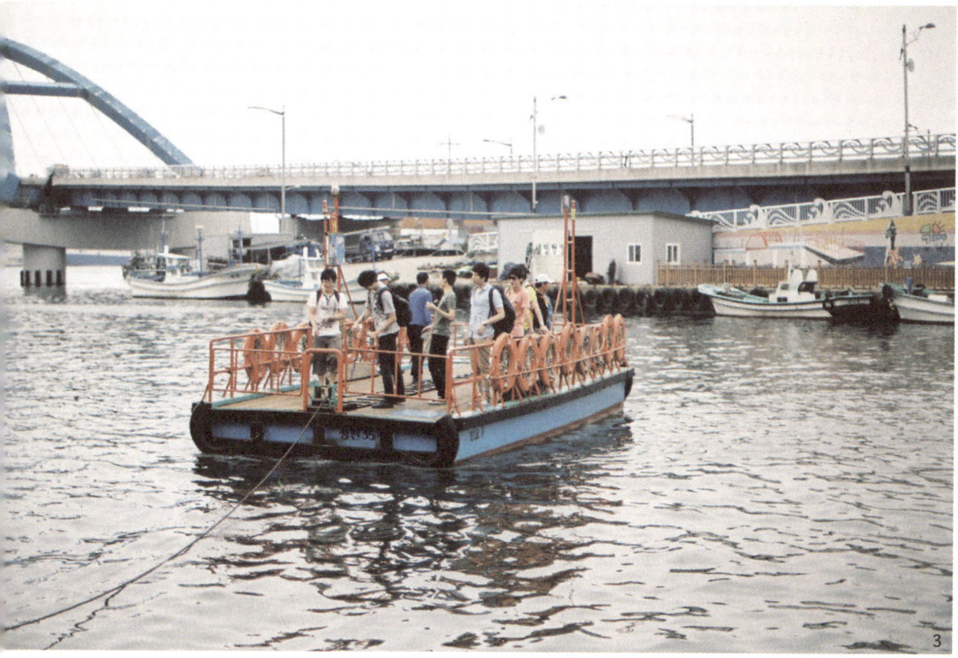

3

1 함경도 일대의 피난민들이 휴전선에서 가까운 바닷가에 집을 짓고 집단촌락을 형성한 아바이 마을은 소박한 정취가 풍긴다.
2 재래시장의 발전된 모습을 보여주는 깔끔한 중앙시장. 여행자들에게 인기 좋은 '만석닭강정'가게가 있는 곳이다.
3,4,5 손으로 직접 끄는 '가을동화' 촬영지 갯배.
6,7 속초 바닷가에 세워둔 고기잡이배 안에 달린 전등과 갯배 타고 중앙동을 바라본 모습.

을 돌린다. 지금은 빈 방이 하나도 없다는데 그렇다면 이곳에 묵는 많은 여행자들은 전부 어딜 갔을까?

그 이유는 더하우스에 오는 여행자들의 목적이 대부분이 설악산이기 때문이다. 그러니 여행자들은 지금쯤 내일 산행을 위해 일찍 잠들었거나 혹은 오늘 오후 산에서 내려와 지금쯤 이 건물 어딘가에서 뻗어 자고 있는 셈이다. 사장님의 이야기를 들으니 나도 산에 가고 싶다. 그는 내일 날이 밝으면 숙소 주변으로 가볼만한 아바이 마을과 가을동화의 촬영지 갯배 타는 곳 그리고 시장을 알려주었다. 사장님이 주신 속초 지도를 들고 방으로 돌아왔다.

다음날 체크아웃 시간이 거의 다 되어 일어나 부랴부랴 주방으로 내려왔다. 주방엔 부산에서 온 20대 커플이 있었다. 이상한 기류가 흘러 물어보니 어제 대판 싸웠단다. 여행하면서 꼭 한 번씩 싸우는 커플 있다. 그리고 조금 뒤 내가 그들에게 말했다.

"부산 갈맷길 엄청 좋더라고요~." 그들은 내말에 기다렸다는 듯,

"아! 맞아요. 거기 좋아요~. 달맞이 고개도 가셨어요? 거기도 좋은데. 그치 오빠?"

"맞아요. 거기 좋아요. 그치?"

내 질문에 그들을 손바닥 뒤집듯 화해를 했다. 난 그렇게 홀로 와서 커플여행자 화해나 시키고 있었다. 아침을 챙겨먹고 나와 사장님이 말한 아바이 마을과 중앙시장 갯배 타는 곳에 갔다. 갯배는 중앙동과 아바이 마을을 연결하는 작은 통통배다. 아바이 마을의 지형이 섬처럼 되어있어 교통이 매우 불편한데 이 갯배가 바로 중앙동으로 건너갈 수 있게 하는 유일한 교통수단이다. 배가 지나는 이 짧은 50m를 배 없이 돌아가려면 5km는 가야한다고. 육지와 육지에 와이어로 연결한 끈을 배위에서 직접 끌어 당겨서 이동하는 시스템이다. 나도 직접 끌어보니 혼자 하면 굉장히 힘들지만, 서너 명이 함께 끌면 여자들도 할만 하다.

빠르고 편리한 것만 살아남는 요즘시대에 직접 손으로 끌어 이동하는 갯배가 있다니! 어쩌면 이 갯배처럼 더하우스도 요즘 시대와는 동떨어지는 공간일지도 모르겠다. 하지만 손수 끄는 저 갯배도, 오래된 여관 건물을 손수 리모델링해 만든 숙소도, 새것과는 비교할 수 없이 하나하나 애틋한 누군가의 이야기를 담고 있는 추억의 장소다. 그 애틋함으로 무장한 이곳은 어쩌면 시대에 뒤떨어지는 게 아니라, 우리가 놓치고 있는 그 소중한 시대를 부여잡고 있는지도 모르겠다.

호스트와 게스트의 러브스토리

여행 중 만난 인연은 괜히 더 소중하고, 여행에서 빠진 사랑은 괜히 더 짜릿하다. 여행은 모든 감정의 기류를 이상하게 만든다. 그는 올해 초 1월 결혼한 새신랑이다. 더 하우스에 그와 함께 둥지를 틀게 된 그의 피앙세는 놀랍게도 작년 4월에 속초로 여행 왔던 게스트였다. 말만 들어도 낭만적인 여행하다 결혼하게 된 호스트와 게스트의 사랑이야기. 하지만 그들의 사랑은 어느 영화의 한 장면처럼 그리 짜릿하거나 낭만적이진 않았다. 그저 여행 중 만났다는 것 말고는. 그와 그녀를 이어준 매개체는 다름아닌 바로 '빵'이다. 그들은 둘 다 빵을 좋아한다는 공통점이 있었다. 러브스토리에 웬 빵의 등장이란 말인가. 난 웃음이 빵 터졌다. 그렇다고 해서 빵을 무시하는 건 아니다. 나 역시 우리 집에서 빵순이로 불릴 만큼 빵을 사랑하는 1인이다.

작년 4월에 놀러온 그녀가 반년 넘게 그와 연락한 이유는 바로 '빵'때문이었다. 그녀는 전국 맛있는 빵을 찾고 정보도 공유한다는 빵 동호회 회원인데, 홀로 여행 온 속초에서 그와 이야기하던 중 서로가 빵을 좋아한다는 사실을 알게 된다. 그래서 그들은 그녀가 더 하우스를 떠난 후로도 맛있는 빵집을 찾아 정보를 나누며 연락을 주고받았다. 서로에게 빵을 선물하며 맛을 나눴고, 그렇게 사랑을 나누는 사이가 되었다. 나이 꽉 찬 30대 후반. 그는 '빵' 때문에 결혼에 골인하게 된다.

처음 그가 이곳에 온 4년 전까지 만해도 부모님은 아들이 결혼 하지 못할까봐 속초로 오는 것을 반대했다. 그러던 그가 이곳에 온 이유는 게스트하우스를 오픈하겠다는 포부 때문만은 아니었다. 아버지 건강이 나빠져 어머니와 꾸려가야 했다. 게스트하우스 인테리어 공사가 한창일 때 아버지는 세상을 떠나셨다. 그는 더 열심히 일했다. 어머니와 둘이 감당하기 벅찰 정도로 바쁠 때도 많았지만 그때마다 더욱 더 열심히 일했다.

더 하우스는 처음부터 지금처럼 꽉 찬 공간은 아니었다. 4년이라는 기간 동안 조금씩 조금씩 채워 지금의 모습이 되었다. 그가 썰렁한 공간을 하나하나 채우기 위해 작은 소품들을 계속 실어 나르니. 처음엔 어머니가 그만 좀 하라고 잔소리를 많이 하셨단다. 그래서 그는 어머니가 주무실 때 몰래몰래 사온 물건들을 진열했다고. 처음에 게스트하우스가 뭔지도 몰랐던 어머니는 다 쓰러져 가는 아무도 찾지 않던 여관건물이 항상 여행자들로 넘쳐나는 숙소가 되니 아들이 기특하고 자랑스럽다.

가족사진을 찍는 데 마당에 구르미까지 찍어야 한다고 먹이를 손에 들고 웃는 세가족의 모습이 너무 예쁘다. 그들의 웃음소리가 마당에 가득 찼다. 이젠 식구가 하나 더 늘었으니 점점 더 행복한 이야기로 가득하겠다. 새 식구를 영입한 더 하우스의 이야기는 지금부터가 시작이다.

설악산을 사랑하는 호주녀, 페어홀

더하우스는 설악산 때문에 일찍 자고 일찍 나가는 여행자들로 가득해 여행자를 만나지 못하고 숙소에서 나오겠구나했다. 주방에서 이들을 만나기 전까진. 주방에서 소리가 들려 가봤더니 3명의 외국여행자들이 앉아있었다.

두 명의 여행자는 네덜란드에서 온 자매였고, 옆으론 호주에서 온 그녀가 있었다. 그녀의 이름은 페어홀. 그녀는 소설가인데 여행을 엄청 좋아한단다. 내가 처음 그녀를 보고 놀란 건 그녀의 말투 때문이었다. 그녀는 랩을 하는 것처럼 말을 한다. 천천히 말해도 알아들을까 말깐데. 그녀의 어투는 총알처럼 빠르고 치명적이다. 나만의 생각만은 아닌 듯, 네덜란드 자매가 그녀의 말투를 듣고 웃으며 몇 번이나 "천천히~ 진정해."를 반복했다. 그녀는 어제 설악산에 다녀왔다고 했다.

"우리도 내일 설악산 가는데."

네덜란드 자매가 말했다. 그녀의 속사포 랩은 그때부터 시작됐다. 총알처럼 빠르던 그녀의 말은 따발총처럼 변해갔다. 내일 설악산에 간다는 예비 등산객들에게 그녀는 할 말이 많았다. 그녀는 디카 칩을 빠른 속도로 자신의 아이패드와 연결하더니 설악산 입구에서부터 코스별로 정리한 사진들을 하나하나 넘겨가며 이야기한다.

"여기는 좀 괜찮아, 평평해서 올라갈만해."

"여기부터 조금씩 힘들어지기 시작해."

"여기는 높지만 좀 참을만해!!"

"여기서부터는 죽음이야. 정말 힘들어!!"

그녀는 초스피드 말투와 손짓 그리고 깨알 같은 리얼한 표정으로 말을 이었다. 진짜 힘든 코스를 말할 땐 보는 사람마저 안타깝게 만드는 표정을 짓는다. 사진보다 그녀의 표정이 더 흥미롭다. 그렇게 그녀는 우리의 입을 봉인하고 공격적으로 30분 내내 설악산 이야기를 쏟아놓았다. 그녀가 한말만 합쳐도 아마 책 몇 권은 나올 거다. 마치 함께 등산하는 것처럼 기운이 다 빠져버렸다. 한국인인 나보다 설악산 코스를 더 세밀하게 아는 그녀. 그녀의 소설도 그녀의 남은 여행도 왠지 재미있을 것 같다.

Other guesthouse

스마일 게스트하우스

스마일 모텔이었던 곳으로 게스트하우스로 단장했다. 설악동 계곡을 옆에 끼고 있으며 바비큐도 가능하다. 속초해수욕장, 대포항, 동명항 등이 가깝다.

add _ 강원도 속초시 설악동 246-82
price _ 도미토리 1만 5천원부터 1만 8천원, 2인실 4만원부터 5만 5천원 등
meal _ 7천원에 유료 제공
tel _ 011-366-7118
web _ www.smileguesthouse.kr

아바이 마을

속초 아바이 마을은 드라마 '가을동화' 촬영지로 알려진 곳으로 드라마의 낭만에 젖어보고자 하는 여행객들이 이곳을 찾는다. 아바이 마을을 대표하는 갯배도 타고, 해변도 거닐면서 아담하고 소박한 작은 어촌의 정취를 느낄 수 있다. 아바이순대, 오징어순대가 유명하다.

add _ 속초시 청호동 1076 | **tel** _ 033-633-3171 | **web** _ www.abai.co.kr

갯배

일제말기부터 아바이 마을 청호동과 속초 중앙동을 이어주는 유일한 이동수단이다. 청호대교가 생기기 전엔 이 배가 없으면 50m정도 되는 거리를 5km는 되돌아가야 했다. 승선하는 곳에서 요금을 받으며 마을과 마을로 이어진 와이어를 직접 끄는 동력으로 이동된다. 배 타는 시간은 5분, 총 2대가 운영된다.

open _ 5~10시 | **price** _ 200원

만석닭강정

속초 관광수산시장 내에 위치하고 있는 명물 닭강정집이다. 바싹하게 튀긴 닭에 매콤 달콤 양념을 버무린 닭강정으로 겉이 눅눅해지지 않아 전국에서 택배 주문이 가능하다. 여행자 뿐 아니라 속초 인근 주민들에게도 인기가 좋아 시장일대에서 만석닭강정 포장상자를 들고 가는 사람들을 쉽게 볼 수 있다.

add _ 속초시 중앙동 471-4 | **tel** _ 033-632-4084 | **price** _ 닭강정 한 마리 16,000원

속초관광수산시장

속초관광수산시장은 2011년 중소기업청이 주최하는 '여행하기 좋은 전통시장 10' 선에 선정된 곳으로, 동해안수산물들이 한자리에 모이는 곳으로 싱싱한 생선회와 오징어순대, 닭강정 등 다양한 먹거리가 가득한 곳이다. 투박한 강원도 사투리와 와자지껄 활력이 넘치는 정겨움을 느낄 수 있다.

add _ 속초시 중앙동 | **web** _ sokchomarket.com

산호 여인숙

예술가들이 사는 수상한 집

Writer's Comments

산호여인숙은 게스트하우스지만 여행자들만 묵는 곳은 아니다. 여행자들에게 내어준 방을 제외한 다른 방은 여러 장르의 예술가들을 위한 공간이기 때문. 대전의 문화동네인 대흥동에 위치한 예술 문화 복합 공간 '산호여인숙'. 그때 그때 다르지만 1층은 주로 전시공간으로 이용되고, 2층이 여행 자의 공간인데, 오래된 여인숙을 리모델링한 건물이 독특한 분위기를 자아낸다. 머물다간 예술가들 의 흔적들과 곳곳에 재밌는 소품, 그림들이 숨겨진 보물 같은 게스트하우스. 그래서 소개하기 싫은, 나만 알고 싶은 공간이기도 하다. 예술가들이 거주하는 공간이므로 게스트에게 소홀하다고 섭섭해 말자! 대전을 다시 찾는 이유가 되기에 충분한 공간이니.

1 방안 곳곳엔 머물렀던 예술가들의 작품들이 숨어있다.
2 계단을 따라 2층으로 올라가면 앞쪽으로 뻗은 베란다. 가끔 작은 영화관으로도 이용된다.
3 소박하게 꾸며놓은 도미토리 2인용 방.
4 현관 오른쪽의 책장에는 산호에서 만든 소품들이 전시되어 있다.
5,6 간단한 조리가 가능한 일층주방과 복도 곳곳을 휘감고 있는 색색의 끈들.
7 남자화장실은 1층 여자화장실은 2층에 있다.

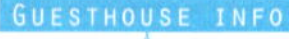

add _ 대전시 중구 대흥동 491-5
price _ 도미토리 (2~6인실)
    1만원~1만 5천원
in & out time _ 4시 · 12시
meal _ 라면, 토스트, 우유 및 음료 제공
tel _ 070-8226-2870
web _ blog.naver.com/sanho2011

수상한 기운이 감도는 예술문화공간

　우르르 쾅쾅. 비가 저벅저벅 내리고 수상한 기운이 가득한 짧은 골목. 그 위로 반짝이 끈이 정갈한 폭을 유지하며 지그재그 번개처럼 묶여있다. 삐걱거리게 생긴 둥근 초록색 문 앞으로 조화 꽃들을 모아 붙인 '산호여인숙'이라는 글씨가 눈에 확 들어온다. 유치원에서나 볼법한 생뚱맞은 문짝이 더 없이 수상하다. 수상한 건 그뿐 아니다. 딱 내 키만 한 큰 칫솔이 벽에 붙은 큰 봉투 안에 누워 청결한 여인숙이라는 느낌을 팍팍 풍긴다.

　여인숙, 요즘 젊은이들은 잘 모르겠지만 아니 나도 이십대라 잘 모르지만, 내 중학생 시절엔 어느 골목에서 한번쯤은 마주쳤던 이름. 산호여인숙 블로그에 적혀있듯, 여인숙이란 단돈 몇 천원에 잠을 청하던 가난한 누군가의 보금자리 이젠 그 이름조차 생소한 이곳은 여인숙. 산호여인숙이다.

　대문을 열면 바로 계단으로 이어지고, 다섯 칸 정도 올라가면 건물 안 복도에 들어서게 된다. 복도엔 중간 중간 꼭 필요한 밝기만을 내뿜는 각기 다른 모양의 조명들이 음산하게 매달려 있다. 색색의 긴 줄들이 벽을 따라 쭉쭉 지나가고, 전시실인지 게스트하우스인지 알 수 없는 푸르스름한 바닥은 왠지 수술실 느낌이 난다.

　산호여인숙은 대전의 유일한 게스트하우스지만, 여행자와 더불어 다양한 장르의 예술가들이 머무는 곳이라 호기심을 자극했다. 대전 대흥동은 서울의 대학로처럼 소극장들이 모여 있는 대전의 예술거리. 대규모는 아니지만 소극장들과 더불어 작은 갤러리부터 골목골목 숨은 카페들은 상업화되어가는 그 어떤 문화거리보다 내 호기심을 자극한다. 그런 대흥동 안에 산호여인숙이 있었다.

　입구에 들어서니 한 남자가 나온다. 복도 바닥 색을 닮은 몇 번 더 빨면 색이 없어져 버릴 것 같은 푸른빛 반팔 티셔츠에 청바지를 편안하게 소화하는 남자. 어린왕자 같은 느낌? 그는 이층으로 날 인도했다. 내가 묵은 방 앞엔 '스마일 방'이라는 이름표가 달려있다. 방 안내에 이어 그는 화장실을 보여줬다. 화장실도 재미있다. 복도 중앙에 자리해 있는 동그랗게 뚫린 문을 열면 세면대 두 개가 벽에 붙어있고 세면에 앞쪽으론 옛날 할머니 집에서 본 적 있는 자개가 붙은 네모난 거울이 붙어있다. 그 뒤로 또 다른 문 두 개가 나오는데 하나는 샤워 공간 또 하나는 볼일 보는 공간이다.

　"화장실 물을 다 사용하면, 꼭 전체 수도 밸브를 잠궈야해요."

　"수도 밸브요?"

　내가 되묻자 사장님은 화장실 안으로 들어갔다. 화장실 앞쪽으론 다 먹은 생선가시처럼 앙상한 배수관이 있는데, 그 위에 작은 가스밸브같이 생긴 것이 안쓰럽게 붙어있

다. 사장님이 말하는 밸브가 바로 저거다. 세면대에서 손을 씻을 때도 밸브를 열고 씻어
야 하고 다 씻으면 잠궈야 한다. 볼일을 보거나 샤워를 할 때도 마찬가지다.

"물을 다 사용하면 꼭 수도밸브를 잠궈야해요."

끝을 흐리는 사장님의 작고 낮은 목소리는 왠지 그 말을 지키지 않으면 엄청난 일이
벌어질 것 같은 생각을 들게 한다. 이를테면, 낡은 배수관이 수압을 견디지 못하고 뻥하
고 터져버려 바다 속 산호처럼 이곳을 물바다로 만들어 버린다거나하는……. 아니나 다
를까 깜빡 잊고 방에 돌아와서야 그 사실을 알아차렸다. 난 쏜살같이 튀어나가 부서질
것처럼 힘없는 앙상한 밸브를 돌려 잠궜다. 휴, 다행이다. 어느새 나도 모르게 가슴을 쓸
어내리고 있다. 이곳의 수상한 기운은 날 이런 사람으로 만들고 있었다.

산호에서 대전을 다시 생각하다

이곳은 1970년대 개업했던 '산호여인숙'을 작년 10월에 예술문화공간으로
탈바꿈시킨 곳이다. 이름도 그때 그 이름 그대로 가져왔다. 해서 가끔 여인숙인줄 알고
연락하는 손님들도 있다고. 일층은 전시공간과 주방, 회의실 등이 있고 이층이 게스트
들이 묵는 곳인데, 날씨가 좋으면 어떤지 모르겠으나 내가 있던 날은 좀 음산했다. 내방
옆으론 '고스톱 방'부터 예술가들의 방까지 짧은 복도를 따라 8개의 문이 다닥다닥 둘러
져 있었다. '고스톱 방'이라고 적힌 문을 살며시 열어보니 말 그대로 고스톱을 칠 수 있
는 온돌방이었다. 그리고 몇몇 방문엔 '열어 보지 마시오'라는 수상한 안내문이 붙어있
다. 꼭 동화 속 주인공들은 열어보지 말라는 것을 열어보고 하지 말라는 것을 하며 사건
을 만든다. 나 역시 그랬다. 문고리에 살며시 손을 얹고 조심조심 오른쪽으로 돌렸다. 그
러다 멈춰 섰다. 아무도 없는 음산한 복도에 차가운 문고리를 부여잡고 있는 내가 갑자기
무서웠다. 평소 같으면 열어보고도 남았을 나였지만, 안내문을 지키기로 했다.

일층에서 이층으로 올라가는 계단 바로 앞 복도엔 베란다로 이어지는 문이 하나 더
있다. 베란다는 바로 바깥공기로 이어지고 베란다를 따라 지하철이나 대합실에서나 볼
수 있는 긴 의자가 앞을 향해 놓여져있다. 예전엔 베란다에서 뭐가 보였는지 모르겠지
만, 베란다로 나가 앞을 보니 허연 벽이다. 앞 건물 때문에 베란다에서 보이는 건 그저 건
물의 허연 벽뿐. 하지만 예술가들은 그 벽을 가만 놔두지 않고 작은 영화관으로 이용한
다. 저 쓸모없는 남의 벽에 빔을 쏴 가끔 영화를 즐긴다고. 그 이야기를 들으니 앞을 가려
준 건물이 고마울 따름이다.

도착한 날, 비가 조금 그친 저녁 베란다 안에서 누군가 열심히 컴퓨터로 영상을 만

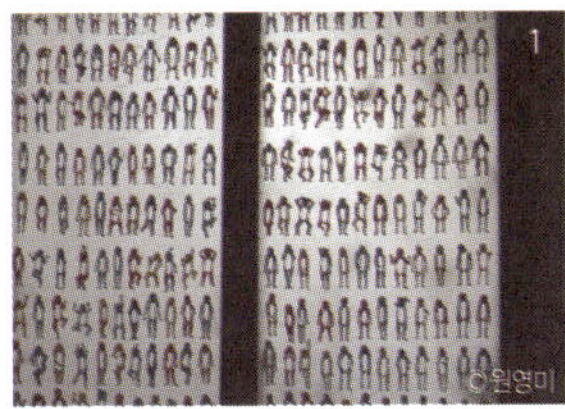

1,2 게스트하우스 뿐 아니라 전시공간으로 사용되는 만큼 입구에서부터 방안 창문까지 예술작품이다.
3 대전시립미술관 카페에서 바라본 비 오는 바깥 풍경.
4 대문 사이로 보이는 정신없이 지그재그로 꼬여있는 반짝이 끈의 모습.

들고 있었는데 그녀도 이곳에 머무르는 예술가인 듯하다. 대전은 관광지가 아닌 경유지의 느낌이 강해 대전을 여행하는 여행자를 만나긴 어렵다. 내가 간 날도 게스트는 나 혼자였다. 그래서 여행자와 예술가들의 비중은 항상 다르지만 굳이 따진다면 예술가 비중이 더 많은 곳이다. 일층 입구엔 예술 잡지가 마구 꽂힌 책꽂이가 있는데, 내가 책 구경을 하고 있으니 어린왕자 사장님이 '토마토'라는 대전 문화잡지를 읽어보라며 건넸다. 잡지를 품에 앉고 방으로 들어왔다.

　내방은 이층침대 하나가 놓여진 작은 공간인데, '스마일 방'이라는 이름처럼 미소가 지어지는 방이다. 옛날 건물에 붙어있던 앤티크한 불투명 창문에 한 장으로 떨어지는 리본 모양 커튼. 귀여운 동물들이 그려진 이불. 어느 예술가가 그린 개성 강한 일러스트까지. 함박웃음이 아닌 풋풋거리는 바람 새는 웃음이 새어나오는 방. 귀여운 동물 이불에 배를 깔고 누워 잡지를 읽어 내려갔다. 혼자 있는 방에서 난 누구와 통화하듯 마구 웃다가, 좋은 문장을 발견하고 가만히 들여다보기도 하다, 홀로 '맞아 맞아'라며 추임새도 날려본다. 수상한 잡지다. 말도 안 되는 수상한 제보를 받고 수상한 취재를 하는가 하면, 그러다가도 진지한 정치이야기를 하기도 한다. 대전 사람들이 알아야하는 숨은 이야기를 들춰내기도 한다. 이 잡지 때문에 대전이 더 좋아졌다.

산호를 채우는 예술가들

"똑똑"

사장님이 노크를 하고 얼굴을 내민다.

"예술가 중 한 명이 오늘 통닭이랑 피자를 쏜다는데 내려올래요?"

난 먹으라는 말엔 절대 거절하지 않는다. 쪼르르 따라 내려가는데, 1층엔 급한 프로젝트가 있는지 여러 예술가들이 모여 무언가를 분주하게 준비하고 있다. 그들을 지나 주방 옆 회의실로 들어갔다. 연극배우로 활동 중인 한 남자배우, 아까 베란다에서 본 미술 전공 언니, 사장님과 긴밀한 관계처럼 보이는 은덕 언니, 어린왕자 사장님, 그리고 내가 둘러 앉았다.

"먹을 복이 많으시네요. 이 친구가 뭘 살 때가 거의 없는데……"

연극하는 남자배우가 사는 야식이었다. 오랜만에 받은 돈으로 쏜다고 했다. 아직 배우는 중이라고 말하는 그는 연기를 통해 내면의 것을 드러내는 방법을 배우고 있다고 한다. 자신을 드러낸다는 건 생각보다 쉽지 않다. 우리는 남의 시선, 남의 감정을 자신보다 더 신경 쓰며 감추느라 바쁘다. 나 역시도 그렇다.

베란다에서 바쁘게 작업하던 그녀는 미술전공자였다. 베란다에서 산호여인숙 동영상을 작업 중이었다고 한다. 이렇듯 머물러간 예술가들이 지금의 산호를 하나하나 채워가고 있었다.

빗발이 더 굵어진 다음날, 나는 홀로 한밭수목원과 시립미술관을 걸었다. 대전은 관광도시가 아니라 경유도시다. 대전을 여행하러 왔다는 여행자보다는 다른 곳에 가기 위해 들르는 사람이 훨씬 많다. 그래서 대전은 여느 관광도시와는 다른 수상한 매력이 존재한다. 대전에서 하룻밤을 지내고나니 대전을 그저 경유도시로 생각하는 것이 안타까워졌다. 그러다가도 다행이다 싶다. 나만 아는 보물이 생긴 것 같아서, 나만 아는 재미있는 도시가 생긴 것 같아서.

🛏 호스트 스토리

산호가 유명세를 타면 왠지 섭섭할 것 같아요

그는 서울에서 건축 일을 했었다. 그러다 대전으로 내려와 이곳을 만들었다. 대흥동에서 축제가 열리거나 공연이 있으면 배우들을 수용할 수 있는 공간이 턱없이 부족했다. 처음엔 그들 때문에 오픈했고, 그 후 몇 여행자들에게 방을 내어주며 게스트하우스 역할을 하게 됐다. 이곳은 오로지 게스트하우스로만 이용되는 공간이 아니어서 게스트에게 관심이 소홀한 것은 사실이다. 먼저 사장님한테 친한척하면서 말 붙이지 않는다면, 아마 체크아웃 할 때까지 몇 마디 못할 거다. 하지만 먼저 말을 걸면 또 친해지기 어려운 스타일은 아니다. 어린왕자를 연상케 하는 자그마한 사장님은 산호여인숙을 소개하고 싶다고 하자 망설였다.

"옥상달빛과 십센치가 대중에게 알려졌을 때의 섭섭함이랄까요. 허허."

이 말이 사장님의 반대 이유였다. 어쩌면 내가 대전을 생각하는 마음과 비슷했다. 그 섭섭함을 잘 알지만 난 더욱 열심히 그를 귀찮게 했다. 사장님만큼은 아니겠지만, 나 역시 이곳이 알려지는 게 섭섭하다. 하지만 더 많은 사람들이 이 보물을 찾았으면 좋겠다. 그래서 그들의 힘으로 이곳이 더 멋지게 운영됐으면 좋겠다. 많은 사람들이 안다고 해서 그 가치가 사라지는 건 아니니까. 이 글 때문에 산호가 갑자기 대중화되는 것도 아닐 게다. 그저 그 보물의 가치를 아는 사람들이 이곳에 방문하게 되겠지. 내가 대전을 향한 유일한 이유가 산호였던 것처럼.

견우직녀다리(엑스포다리)

93년 대전엑스포 당시 설치된 다리로, 한밭수목원과 과학공원을 연결하고 있다. 다리 위 서로 어우러진 아름다운 아치는 견우와 직녀를 표현한 상징물로 저녁이 되면 음악분수와 경관조명이 장관을 이룬다. 음악분수는 계절에 따라 차이가 있지만 매일 저녁 8시부터 시작되며 20분 정도 진행된다. 견우직녀라는 다리명칭처럼 다리 위에서 사랑하는 사람에게 고백하면 이루어진다는 이야기가 있다.

add _ 대전시 유성구 도룡동

성심당

대전에 뿌리 내린 지 반세기가 된 빵집으로 국내에서 유일무이하게 소보로 빵을 튀겨서 파는 곳이다. 이젠 알 만한 사람은 다 아는, '대전빵'으로 자리매김한 튀김 소보로. 소보로빵에 팥을 넣어 바싹하게 튀겨내어 겉에 붙은 소보로 고물들이 쿠키처럼 달콤하고 고소하다. 또 팥을 둘러싼 빵은 폭신폭신 쫄깃한 식감을 자랑한다. 그 외에도 대부분의 빵이 다 맛있고, 특히 여름철엔 이곳에서 파는 빙수가 유명하다.

add _ 대전시 중구 은행동 145번지 | **tel** _ 042-256-4114

이응노 미술관

현대미술의 대가 고암 이응노(1904~1989) 화백의 예술 연구와 전시 공간으로 쓰인다. 이응노 작가는 전통성과 현대성을 함께 아우른 독창적인 창작세계를 구축했으며, 1987년에는 북한의 초대를 받아 평양에서 전시회를 열기도 했다. 대전시립미술관 바로 옆에 나란히 자리해 있으며, 미술관 건축물은 로랑보두앵이라는 프랑스 건축가가 이응노 작가의 작품세계를 반영해 설계한 것으로 유명하다.

add _ 대전시 서구 만년동 396 | **tel** _ 042-602-3275 | **web** _ ungnolee.daejeon.go.kr
open _ 10시부터 7시까지(동절기는 6시, 금요일은 9시까지)

유성공원온천 족욕체험장

뜨끈뜨끈한 온천물에 발을 담그면 온몸을 물에 담그고 있는 것처럼 피로가 풀린다. 대전 인근 주민들과 여행자들에게도 인기가 좋은 곳으로 유성 온천역에서 가까운 거리에 위치다. 옛날 백제 때 유성지역에 사는 한 아들이 신라전쟁에 포로로 끌려갔다 심한 상처를 입고 돌아왔다. 하루는 어머니가 논길에서 다친 학 한 마리가 뜨거운 물에 몸을 적시더니 곧 하늘로 날아가는 것을 보고 아들을 그 물로 치료했다는 유성온천물의 효력을 담고 있는 전설이 있다.

add _ 대전시 유성구 봉명동

대전시립미술관

대전시에서 운영하는 현대미술관으로 지역미술은 물론 한국현대미술의 발전에 기여하고 시민의 문화생활을 돕기 위해 1998년에 설립되었다. 소장품은 총 280점으로 입구에 들어서면 총 348대의 TV 컴퓨터, 거북이, 전화, 축음기, 자동차, 피아노, 커피포트 등으로 이루어진 백남준의 작품 '프랙탈 거북선'이 눈에 띤다.

add _ 대전시 서구 만년동 396 | **tel** _ 042-602-3200 | **web** _ dmma.daejeon.go.kr
open _ 10시부터 7시까지(금요일에는 9시까지, 월요일 휴관)

유림공원

유림공원은 우리나라의 사계절을 표현할 수 있도록 계절에 따른 6만 4천 82그루의 소목과 13만 5천 450그루의 초본으로 이뤄져있다. 한반도 모양의 인공호수와 산책 조깅로 등 맨발로 걷기나 자전거 타기가 가능한 길들이 있다. 사생대회, 연주회, 댄스공연, 전국체전 발대식 등 많은 행사들이 치러진다.

add _ 대전시 유성구 봉명동 2-1 | **tel** _ 042-581-3516
web _ 대전관광포털 www.daejeon.go.kr

한밭수목원

한밭수목원은 정부대전청사와 과학공원이 연계한 전국 최대의 도심 속 인공수목원으로 각종 식물종의 유전자 보존과 청소년들에게 자연체험학습의 장, 시민들에게는 도심 속에서 푸르름을 만끽하며 휴식할 수 있는 공간 제공을 목적으로 조성되었다. 한밭수목원은 목련원, 약용식물원, 암석원, 유실수원 등 주제별로 19개원이 자리해 있고, 피로회복과 신진대사 원활에 도움이 되는 맨발로 걷는 황토길도 마련되어 있다.

add _ 대전시 서구 만년동 396 | **tel** _ 042-472-4972 | **web** _ www.daejeon.go.kr/treegarden
open _ 하절기(4~9월) 6~9시, 동절기(10~3월) 8~7시(월요일 휴원)

천연기념물센터

천연기념물센터는 천연기념물에 대한 체계적인 조사와 연구를 진행하는 국립연구기관이다. 지속적인 조사와 관리를 통해 후손에게 물려줄 소중한 자연유산으로 지켜나가고, 전국 방방곡곡에 흩어져 있는 천연기념물들을 한자리에서 볼 수 있는 곳으로 어린이와 청소년들이 꼭 한번 가볼만하다. 입구에선 천연기념물의 모양 기념 스탬프를 찍을 수 있다.

add _ 대전시 서구 만년동 유등로 927 | **tel** _ 042-610-7610 | **web** _ www.nhc.go.kr

대흥동

대전 문화 거리인 대흥동 일대에는 소극장과 대전에서 가장 오래된 오원화랑부터 작은 갤러리들, 소소한 예쁜 카페까지 곳곳에 깨알 같은 공간이 숨어 있다. 대흥동과 비슷한 곳은 많지만 상업적으로 변해가는 그 어떤 거리보다 대전 문화거리인 대흥동에 눈길이 간다.

add _ 대전시 중구 대흥동 문화예술거리

더플래닛 게스트하우스

여자들만을 위한
비밀스런 아지트

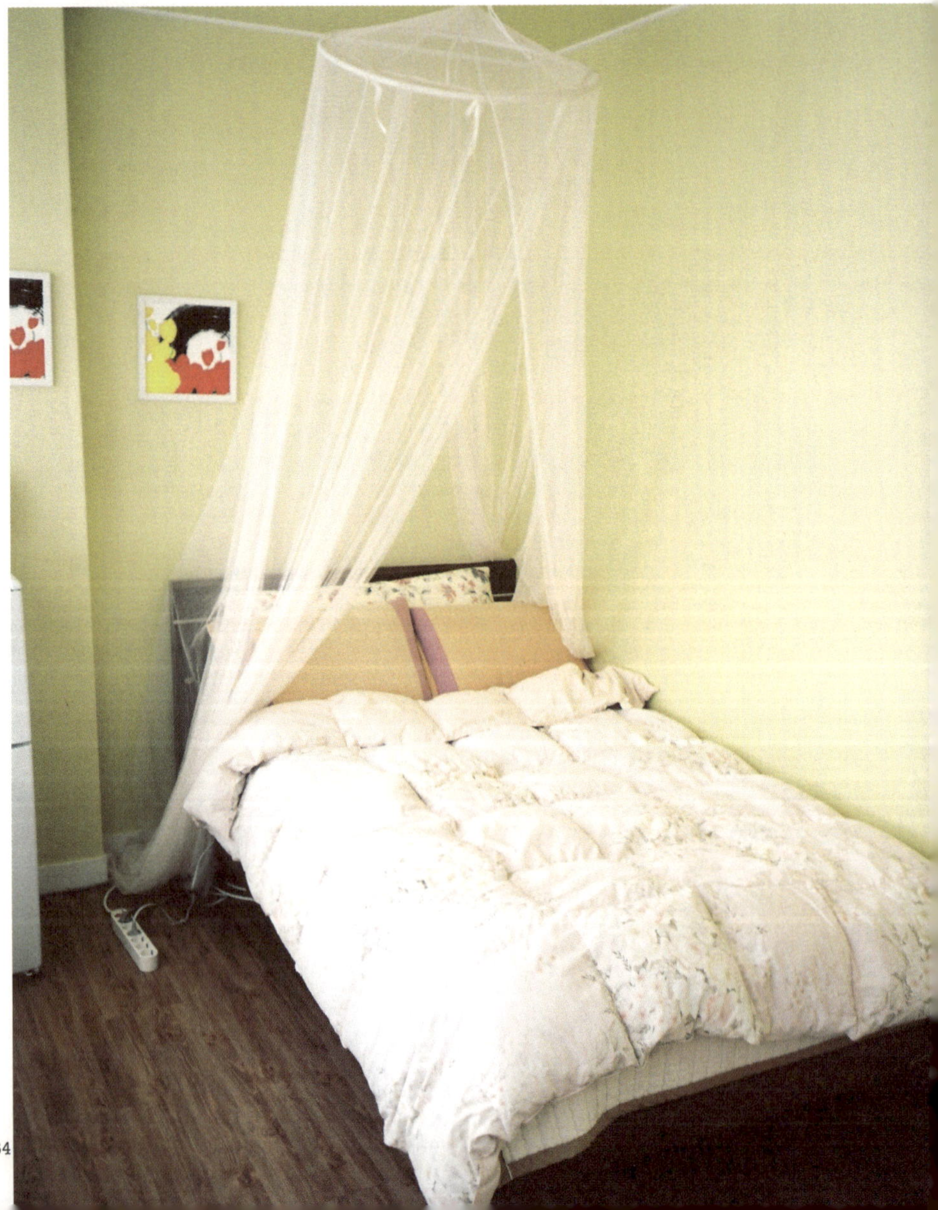

해운대 바다에서 엎어지면 코 닿을 거리에 있는 더플래닛 게스트하우스. 개나리색의 현관문만큼이
나 봄처럼 사랑스런 여자들만의 공간이다. 현재 많고 많은 부산 일대 게스트하우스 중 오픈 3년차
에 접어드는 가장 오래된 게스트하우스이기도 하다. 짧은 잠옷도, 자다 일어난 쑥대머리도, 남자들
의 환상을 깨지 않으려고 노력했던 쌩얼도 이곳에선 전부 용서가 된다! 왜냐고? 금남구역. 여자들
의 절대공간이니깐! 여자들만이 할 수 있는 사치스런 대화들로 가득한 비밀스런 공간. 해운대에 가
는 여성이라면 꾸물대지 말자. 오직 하루 14명에게만 허락되는 공간이니!

1,2 도미토리 14인실 방 내부와 거실에서
방을 바라본 모습.
3,4 입구 벽면에 붙어 있는 여행자들의
포스트잇 편지들과 방명록 노트.
5 거실에 3개 있는 샤워실과 세면실.
간단한 세면도구를 제공한다.
6 자유롭게 쓸 수 있는 세탁기와
전자렌지가 갖추어진 주방.

GUESTHOUSE INFO

add _ 부산시 해운대구 중동
      1394−286 크리스탈 오피스텔 3층
price _ 도미토리(14인실) 3만원
in & out time _ 2시 · 11시
meal _ 식빵 계란 잼 우유 & 커피
tel _ 010−2780−6350
web _ www.earthlinghome.com

"남자들은 술로 풀고 여자들은 여행으로 푼다."

여행 중 누군가 이런 말을 했다. 난 그저 고개만 끄덕였다. 여행을 하다보면 남자보다 여자 여행자가 훨씬 더 많다. '왜 여자가 더 많을까?'라던 나의 의구심은 이 말 때문에 사라졌다. 그래서 남자 전용 게스트하우스는 없어도 여성 전용 게스트하우스는 있으리. 더플래닛은 2009년 7월에 오픈한, 부산에 처음 생긴 여성 전용 게스트하우스다. 거기에 굿 스테이에 등록된 전국에 몇 개 되지 않는 게스트하우스 중 하나이기도 하다.

해운대 바다를 향해 잔뜩 메워진 호텔 사이 오피스텔 건물 3층에 자리한 개나리색의 현관이 바로 이곳이다. 오피스텔로 들어와 1층 벽 한쪽에 붙은 수많은 상가 이름들 중 '더플래닛'의 이름을 찾았다. 이름이 없다. 로비를 서성이니 경비아저씨가 "3층이야." 라고 말해주신다. 3층에 도착해 복도를 향해 걸으니 그제서야 간판이 보인다. 코너를 지나 복도 끝 진한 노랑색 문 앞에 서서 주인장에게 받은 핸드폰 문자를 꺼내들었다. 숙소 이용법이 담긴 글인데 얼마나 꼼꼼한지 문자만 읽어도 주인장이 옆에서 말하는 것 같이 살아있는 내용이다.

문자에 적힌 대로 비번을 꾹꾹 누르니 문이 '띠리릭' 열린다. 건물 밖에 간판도 없고 주인도 없으니 아는 사람만 아는 숨겨진 아지트, 무인 게스트하우스 같은 느낌이랄까 왠지 긴장이 된다.

노란 현관문을 열고 들어가니 예상치 못한 예쁜 크리스마스 트리가 나를 반긴다. 트렁크를 가지고 오는 여행자를 배려해 현관 밖에서부터 들어가는 바닥엔 턱 하나 없이 매끄럽다. 신발장엔 분홍의 땡땡이 리본 슬리퍼들이 책처럼 꽂혀있고, 안쪽으로 들어오면 주방과 거실의 인테리어가 한눈에 들어온다. 롤리팝이 생각나는 달콤한 컬러들이 흰 벽을 한껏 발랄하게 만든다. 컴퓨터 책상 앞의 큰 창은 주황색 블라인드가 반쯤 가리고 있고, 빨간색 전등, 연두색 의자까지 딱 롤리팝이다.

이곳 구조는 크게 직사각형이다. 입구부터 거실 주방 그리고 14인실의 방이 비엔나 소시지처럼 길게 이어진 모양인데, 주방과 거실로 이어지는 오른쪽 벽으론 공중전화 박스가 연달아 붙은 것처럼 긴 문들이 세 개 붙은 샤워실이 있다. 다만 화장실이 조금 아쉬운 부분이랄까. 게스트하우스를 나가 복도에 있는 건물 화장실을 함께 사용해야한다. 나처럼 게으른 여행자들은 귀찮아 절로 물을 안 마시게 된다.

더 플래닛에 단 하나 있는 도미토리룸은 긴 통로 양 옆으로 세 개씩, 정면에 한 개 총 일곱 개의 이층 침대가 놓여진 14인실이다. 핑크색 보라색의 원색컬러들이 동글동글 그려진 뽀송뽀송한 이불, 간단한 소지품을 둘 수 있게 침대 옆구리에 걸린 작은 바구니들

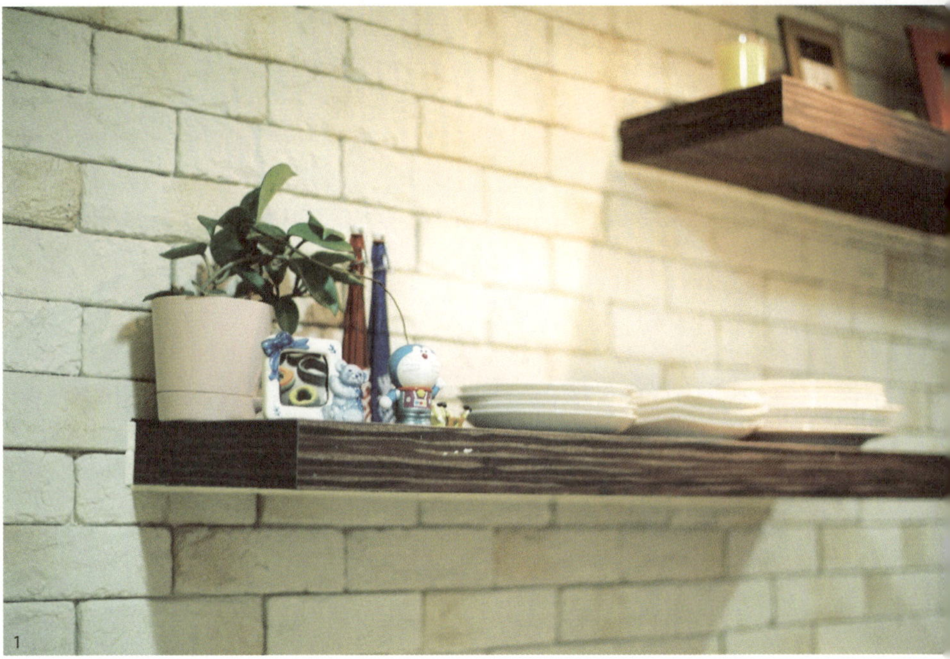

1

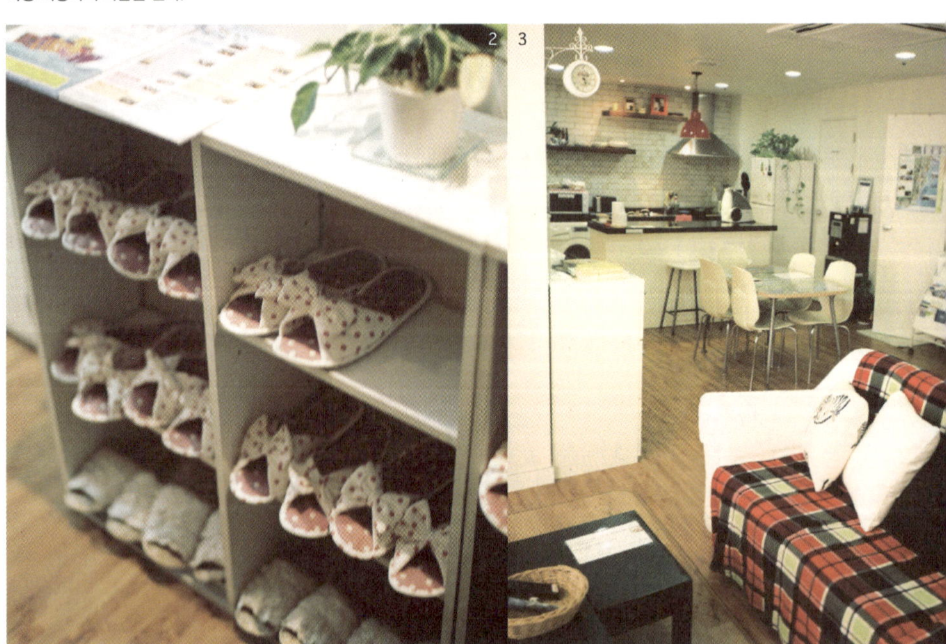

1 주인 언니가 직접 꾸민 아늑한 인테리어.
2,3 현관문으로 들어오면 줄지어 있는 땡땡이 실내화와 거실에서 주방을 바라본 모습. 현대적이고 여성스러운 인테리어가 여성 여행자의 마음을 끈다.

2

3

이 하나하나 세심하게 고른 느낌을 준다. 특히 많은 사람이 함께 하는 침실의 불편을 낮추기 위해 침대와 침대가 만나는 면을 분홍 이불로 막아 두었다. 은근히 가림막 역할을 해주어 개인 공간 느낌도 조금 들게 해 준다.

진짜 내 집처럼 머물 수 있어요

내가 방을 이리저리 살펴보는 데 샤워실에서 한 여자가 나왔다. 오늘 온 게스트인데 해운대에서 하는 모래축제에 갈 거란다. 난 짐을 두고 바로 그녀를 따라 나섰다. 나보다 두 살 많은, 그러나 두 살은 어려보이는 외모의 그녀는 더플래닛 게스트하우스에 세 번째 온다고 했다.

"세 번째요?"

"그냥 내 집같이 편해서요."

평일엔 일을 하는 사장님은 게스트하우스에 늦은 저녁이나 되어야 한번 들여다보기에 정말 내 집처럼 편하단다. 주말이나 시간이 있을 때는 게스트하우스에 와서 여행자들을 신경써주고 함께 시간을 보내려고 노력하는 사장님의 수고스러움은 잘 알지만 주인장 없는 게스트하우스가 더 편안하고 자유로운 건 어쩔 수 없는 듯하다.

그녀를 따라 해운대 앞 모래사장을 거닐었다. 뻥하는 폭발음이 들리듯 가슴 속 막힌 무언가가 툭하고 내려간다. 바다를 본 순간 몸에 있는 모든 구멍들이 다 열려버린다. 뾰족뾰족 땀구멍들이 곤두서고, 바닷바람들이 귓구멍을 일렁이고, 인공물이라곤 아무것도 걸리지 않은, 고개를 좌우로 돌려야만 전부 눈에 넣을 수 있는 드넓은 바다. 바다는 그렇다. 특히 부산 바다는 더더욱 그렇다. 그녀와 모래 축제를 보고 나서 다시 숙소로 들어왔다.

아무도 없는 이 곳이 벌써 내 집처럼 편안했다. 침대번호와 같은 내 사물함에 짐을 넣어두고, 침대 위에 준비된 바싹 마른 깔끔한 베개덮개를 베개에 씌웠다. 사장님이 미리 선곡해서 틀어놓은 팝송들이 누가 있건 없건 거실 가득 채워졌다. 따뜻한 물 한 잔을 떠서 밀린 메일들을 확인하고 거실 소파에 몸을 파묻고 앉았다. 이곳 소파는 앉으면 다시 못 일어나게 만드는 푸근함이 있다. 결국 소파는 저녁 늦게까지 날 놓아 주지 않았다.

저녁 8시 정도쯤 친구처럼 보이는 세 여자가 들어온다. 고요한 게스트하우스가 분주해진다. 이옷 저옷 바꿔 입어가며 거실로 샤워실로 거울을 보며 들락날락이다. 잠시 눈인사만 하고 다시 소파에 앉았다.

"이게 예뻐? 머리를 그냥 묶을까?"

1 해운대 오른쪽 편으로 뻗은 '해파랑길' 입구에서 바라본 해운대 풍경.
2,3,4 많은 인파로 에너지 가득한 해운대. 이른 아침이나 밤에는 아무도 없는 쓸쓸한 바다가 되기도 하는데, 그 모습이 참 낭만적이다.
5 시야에 아무것도 걸리지 않은 드넓은 바다는 바라만 봐도 시원하다.

그녀가 다른 친구에게 말했다. 클럽에 가는 모양이다. 해운대는 바다만큼 물 좋은 클럽으로 유명하다고 한다. 그녀들의 트렁크 안엔 예쁜 옷들만 한 가득이다. 다른 지역 여행과는 패션 코드가 다르다고 할까. 그래서인지 부산에서는 오직 부산만 보러온 여행자들이 대부분이다. 말 붙일 틈도 없이 그녀들은 바쁘게 화장을 하고 머리를 말더니 휙 나가 버렸다.

드라마로 하나되는 여자들만의 밤

조금 뒤 안경 쓴 가수 아이비와 닮은 여자가 들어오더니 내게 물었다. "성함이 어떻게 되세요?" 주인장 언니였다. 곧이어 오전에 모래축제에 함께 간 언니와 또 다른 키 큰 언니가 들어왔다. 우리 넷은 거실 소파에 둘러앉았다. 이유인 즉 얼마 전부터 배우 장동건이 새로 출연하는 드라마를 보기 위해서! 같은 드라마 하나로 없던 동질감 같은 것들이 생겨 금방 똘똘 뭉쳤다. 네 여자는 동건 오빠의 행동 하나에 우르르 무너지고, 여주인공이 나오자 스크린 속 그녀의 옷과 헤어, 신발을 빠른 속도로 스캔했다.

"저 신발 어디 거지?"

"어쩜 저렇게 말랐어."

"근데 쟨 너무 고친 것 같지 않아?"

여자들 사이에 오고 갈 수 있는, 여자들만이 이해할 수 있는, 여자들의 목소리가 텔레비전 소리와 함께 하모니를 이룬다. 문제는 그때부터였다. 인터넷 TV여서 그런지 동건 오빠가 무슨 말을 하려는 순간 버퍼링되며 멈췄다. 우리는 더 말이 많아졌다.

"아! 어떻게 된 거야!"

"이렇게 돼서 그렇게 된 거 아닐까요?"

"아니지, 그럼 뭐하러 앞에 저런 말을 했겠어~."

그 후로도 화면은 두 번 정도 더 멈췄고 우리의 이야기는 더 무르익었다. 우린 다 끝난 드라마 화면을 보면서도 끝나지 않은 드라마 이야기를 계속했다. 여자들끼리만 있으니 짧은 잠옷을 입고 마구 돌아다녀도 되고, 남자들의 환상을 지켜주기 위해 감춰왔던 쌩얼을 당당히 들고 다녀도 된다. 자다 일어난 아무렇게나 된 쑥대머리를 신경 쓰는 사람도, 신경 쓰이는 사람도 없다. 왜냐고? 이곳은 금남구역. 여자들의 절대공간이니깐.

부산의 '또 다른 내집'으로 기억해주세요

밝게 인사하는 그녀는 문자 속에서 느껴지던 그 말투 그대로였다. 호주 배낭여행에서 돌아온 후 2009년 막연히 왜 부산엔 이런 숙소가 없지, 라는 생각으로 게스트하우스를 오픈했다. 당시만 해도 부산지역엔 게스트하우스가 하나도 없었다. 여행을 좋아하는 그녀는 자신처럼 홀로 여행하는 여성을 위한 공간을 만들고 싶었다고. 그래서 개별 여행자를 더 환영한다. 더 많은 사람들이 와서 이곳을 이용하길 원한다고. 그녀 역시 투잡이라 늘 있지는 못하지만 주말이나 저녁 시간엔 꼭 여행자들과 함께하려고 노력하고 있단다. 하지만 이곳의 매력은 그 때문이다. 주인 없는 시간이 길어지면서 더욱 편안하고 자유로운 느낌이 드니까. 그런 편안함을 느끼는 건 역시 나 혼자가 아닌 듯, 이곳의 재방문율은 굉장히 높다. 부산에 당신의 또 다른 집으로 '더플래닛'이 기억되길 바란다는 그녀. 여행이 좋아 시작한 게스트하우스에서 만나는 게스트들의 여행이 부러울 때가 많단다. 천천히 머무르는 여행을 하기에 게스트하우스가 그만이라고 이야기한다.

더플래닛 단골 여행자

귀여운 꼬불꼬불 단발머리에 앙증맞은 키 가녀린 팔다리. 처음 이곳에서 만나 모래축제에 같이 간 나보다 두 살 많은 언니. 아이 같은 그녀는 유치원 교사다. 주말에 쉬러 부산에 왔다는 그녀는 여행을 그리 좋아하진 않지만 부산을 좋아해 이번이 세 번째 방문이라고. 그때마다 더플래닛에서 머무르는 단골이다. 첫 번째 여행 땐 해운대, 두 번째 여행 땐 부산 시내인 국제시장, 이번 세 번째 여행은 아직 못 가본 서면을 한번 둘러보고는 그냥 푹 쉬고 갈 거란다. 그런데 쉬고 갈 거라던 그녀는 막상 어찌나 부지런한지 저녁 늦게 조깅을 하고 이른 아침에 또 조깅을 한다.

"언니, 피곤하지 않으세요?"

이른 아침, 내가 뻗친 머리에 세수도 하지 않고 늘어져있다가 조깅을 하고 온 그녀에게 물으니 그저 수줍게 웃으며 걷는 걸 좋아한단다. 나도 걷는 걸 좋아하는데…… 언닌 정말 대단히 좋아하는 모양이다. 이렇게 모두에게 쉼이란 다르게 해석되는 듯하다.

스토리 게스트하우스

화려한 해운대
럭셔리한 하룻밤

Writer's Comments ⋯⋯⋯⋯⋯⋯⋯⋯⋯⋯⋯⋯⋯⋯⋯⋯⋯⋯⋯⋯⋯⋯⋯⋯⋯⋯⋯⋯⋯⋯⋯⋯⋯⋯

120명 이상 수용 가능한 엄청난 규모의 게스트하우스. '호텔형 게스트하우스'라는 홍보 문구처럼 게스트하우스 시설로는 최상급이다. 지하철 역에서 가까워 교통이 편리하고 해운대 바로 앞에 위치해 바다를 바라보며 트레킹하기 좋다. 탁 트인 옥상에서 일출을 볼 수 있다. 조만간 옥상에 근사한 라운지도 생길 예정! 쉬고 싶은 여행자는 방으로, 친구를 만들고 싶은 여행자는 라운지로 나오면 된다. 시설과 더불어 친절한 스태프들이 가득해 기분까지 좋아지는 공간. 홀로 온 여행자도 친구와 함께 온 여행자도 모두 만족해하는 게스트하우스. 부산 아쿠아리움, 레스토랑, 스파 등과 제휴를 맺어 할인가로 이용할 수 있으니 잘 활용하도록 하자!

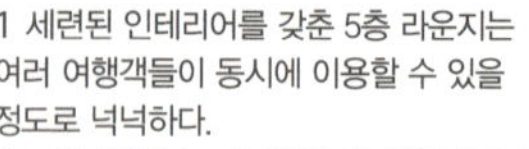

GUESTHOUSE INFO

add _ 부산시 해운대구 중동 1398-7
      마린타워 5층
price _ 도미토리 8인실 2만 5천원 /
      6인실 2만 7천원 / 4인실 3만원
      성수기에는 5천원 추가,
      내일로 티켓 지참시 5천원 할인
in & out time _ 3시~10시 · 11시
meal _ 식빵, 잼, 버터, 계란, 음료,
      커피 제공, 셀프 조리 가능
tel _ 051-744-9500
      010-8491-9500(카톡 상담 가능)
web _ www.storyguesthouse.com

1 세련된 인테리어를 갖춘 5층 라운지는
여러 여행객들이 동시에 이용할 수 있을
정도로 넉넉하다.
2 고급스러운 bar 느낌의 7층 라운지 모습.
3,4 햇살 가득한 복도와 일출을 볼 수
있는 건물 옥상.

해운대가 바라다 보이는 호텔형 게스트하우스

아는 사람은 다 알지만 모르는 사람은 전혀 모르는 사실! 부산은 게스트하우스의 천국이다! 특히 해운대에는 많고 많은 게스트하우스가 있는데, 해운대 일대에서 아니 국내에서 가장 큰 게스트하우스는 '스토리 게스트하우스'가 아닐까 싶다. 작년 11월에 오픈한 스토리 게스트하우스는 120명 이상을 수용할 수 있는 최대 규모에 럭셔리한 인테리어로 소문이 자자했다.

해운대 바다 가까이에 자리하고 있는 널찍한 건물의 5층과 7층에 자리한 스토리 게스트하우스에 도착하니 저절로 입이 딱 벌어졌다. 확 트인 라운지. 화이트 톤의 깔끔한 컬러에 아늑한 조명, 둥근 라운지를 감싸 안는 통 유리창, 그 밖으로 펼쳐지는 해운대 도시 풍경까지 럭셔리 그 자체였다. 난 스토리 곳곳을 구경하느라 바빠졌다. 스토리의 방은 온돌 스타일과 침대 스타일, 그리고 2인실, 4인실, 6인실, 8인실 등 여러 종류의 방이 24개나 있다. 화장실과 샤워장 세면장과 파우더 룸까지 모던하고 세련된 공간들이 돋보인다.

리셉션의 스태프가 7층 내방을 안내했다. 5층과 또 다른 느낌의 인테리어로 꾸며져 있다. 고급스런 검은 바닥. 라운지 중앙에 화려하게 자리한 ㄷ자 형태의 바 테이블. 그 위로 대롱대롱 매달린 와인 잔들. 라운지 한쪽 벽으로 줄지어진 PC 공간까지 더할 나위 없이 잘 갖춰진 고급스런 공간이었다.

안내받은 방문을 열자 방안은 온통 초록 연두빛이다. 피로를 풀어주는 연두 벽에 울창하게 뻗은 나뭇잎의 프린트가 천장까지 이어져 있어 나무 아래 누운 것처럼 편안한 느낌이다. 이곳 스토리 게스트하우스는 방마다 테마가 다 다르다. 바다가 그려진 방도 있다고 하니, 아마도 내가 머문 방은 숲이 테마인 듯하다. 짐을 사물함에 넣고 앞에 보이는 커튼을 걷자 한 벽면을 가득 차지한 통유리 너머로 해운대의 화려한 풍경이 들어온다. 바다가 아닌 게 조금 섭섭했지만, 밤이 되어 빽빽하게 보이는 도시 조명은 럭셔리한 하룻밤을 보내기엔 충분한 공간이다.

짐을 두고 나와 어제 못 가 본 부산 국제시장과 광안대교 야경을 보느라 저녁이 되어서 게스트하우스에 도착했다. 라운지엔 여섯 명의 게스트가 있었다. 스토리는 규모가 남다르다 보니 스태프도 많은데, 그날 저녁에는 총 세 명이 일하고 있었다. 알고 보니 나와 먼 친척쯤 되는 강 과장님, 고등학교 시절 배우 오지호 닮은꼴로 팬클럽까지 거느렸으나 이젠 '늙은 오지호'가 되어버린 잘생긴 남자 스태프, 그리고 오전엔 아이들을 가르치고 밤에는 이곳에서 일하는 부산 말씨의 상냥한 여자 스태프였다.

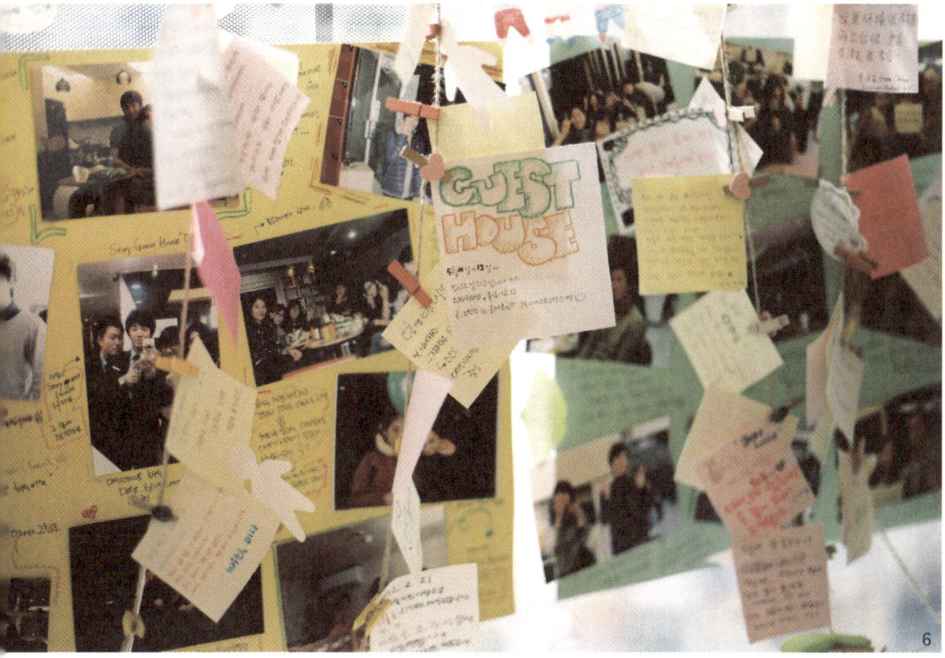

6

1 깔끔한 6인실 도미토리 방안. 한쪽 벽면엔 사물함도 있다.
2 건조까지 되는 세탁기도 완비되어 있다.
3,4 조식을 직접 만들 수 있는 주방.
5 라운지 한쪽에 위치한 PC 공간.
6 창가에 붙어있는 다녀간 여행자들의 메시지와 사진들.
7,8,9 스토리 게스트하우스는 세면실과 화장실, 샤워실, 파우더룸을 갖추고 있다.

7

8

9

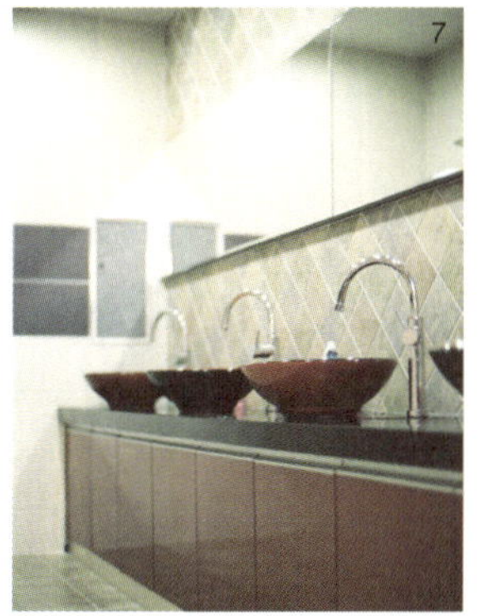

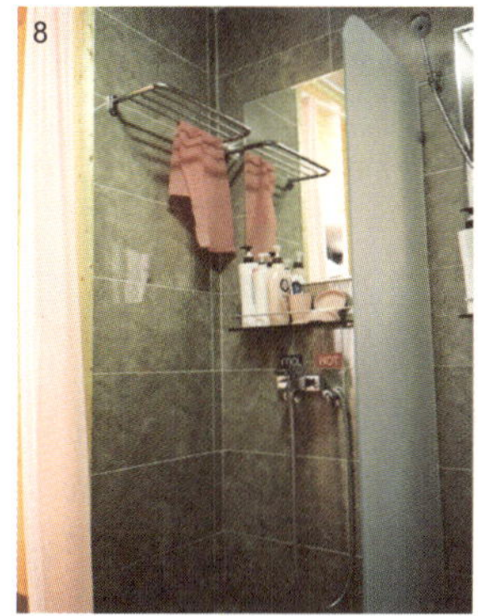

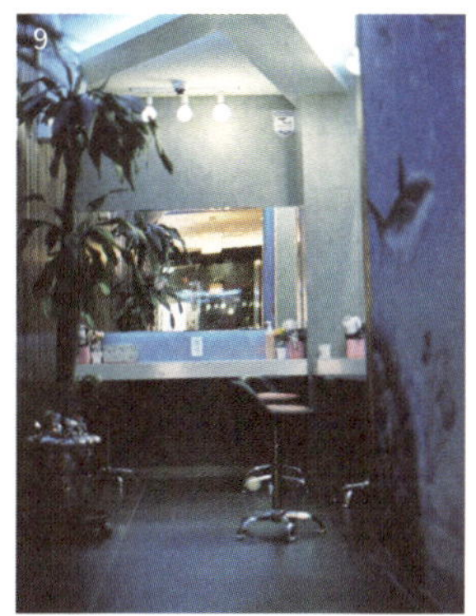

뜨거운 온도만큼 사람들의 발길이 잦아지는 해운대 바다는 복잡한 도시 생활에 지친 마음을 뻥 뚫어준다.

친절한 스태프, 화려한 시설을 갖춘 곳

게스트는 모두 두 명씩 세 팀으로 나눠져 라운지 테이블에 앉아있었다. 난 그들을 뒤로 하고 방에서 핸드폰과 PC 연결 잭을 가지고 나와 라운지 벽에 줄줄이 놓인 5대의 PC 중 하나에 핸드폰을 꽂았다. 국제시장에서부터 갑자기 전원이 들어오지 않는 핸드폰 때문이었다. 안 켜진다. 배터리가 문제가 아니라면 고장인데……. 내가 좌절하자 뒤에 있던 상냥한 여자 스태프가 물었다.

"왜요? 왜요? 고장 났어요?"

'뭔데 뭔데', '왜요 왜요', '아아' 앞의 말을 꼭 두 번씩 하는 그녀가 내 폰을 받아들고 이것저것 누르자 예전에 핸드폰 좀 만지셨다는 강 과장님이 내 폰을 들고 카운터로 간다. 그의 뒷모습이 왠지 듬직해 보인다. 폰을 그에게 맡기고 나도 라운지에 걸터앉았다. 라운지는 고급스런 바 같다. 각자 따로 왔다는 긴 생머리 언니와 30대 중반 오빠가 옆으로 앉았다. 그리고 건너편 테이블엔 친구들끼리 온 두 팀이 앉아있었다. 전부 남자다. 게스트하우스에서 남자끼리 온 여행자를 한 번도 못 봤는데, 한 번에 두 팀이나 만나다니! 부산이 원래 남자들에게 인기있는 곳인가? 그보다 남자들은 '첨단', '최고급' 이런 걸 좋아하니 부산보단 스토리가 남자들에게 인기가 좋은 곳인 듯하다. 그중 한 팀은 군대 휴가 나온 20대 초반이고, 한 팀은 30대 중후반쯤 되어 보이는 덩치 큰 두 명의 여행자였다. 그들은 고등학교 때부터 친구라고 했다.

스토리는 혼자 가도 좋지만 친구와 둘이 오면 더 좋을 것 같은 숙소다. 앞에 있는 잘 생긴 오지호 스태프가 주변 볼거리들과 맛집을 꼼꼼하게 알려준다. 게스트하우스에서 일하는 것에 대해서 물으니 이런 말을 한다. 게스트하우스에서 일한다고 하면 이렇게 말하는 친구들이 젤 싫다고. "여자 많아?" 안 그래도 나온 입을 더 내밀며 투덜댄다. 그의 말이 맞다. 여행자들이 여행에 대한 정보를 나누고, 쉬다가는 공간이 아니라 이성을 만나는 공간으로 생각하는 사람들이 가끔 있어 나 역시 속상하다. 그와 이런저런 이야기를 나누는 데, 폰을 좀 만진다는 강 과장님이 내 핸드폰을 건네준다. 결국 "이 핸드폰 고장이네요." 라는 말만 남긴 채.

대형 게스트하우스엔 게스트가 많아 호스트가 신경을 그만큼 써주지 못하는데 이곳은 스태프가 많아서인지 그런 느낌은 전혀 못 받았다. 이야기를 나누다 12시가 되어 방으로 들어왔다. 늦은 밤, 불 꺼진 방안 창가를 보고 있자니 가슴이 설렌다. 스토리는 딱 저 풍경 같다. 친절한 스태프들과 화려한 시설이 럭셔리한 해운대만큼 가슴 설레게 하니까.

5년을 준비해 여행자 우선의 스토리를 열다

그를 만난 건 다음 날이었다. 어제 저녁 스태프들에게 들은 정보를 조합해본 결과. 그는 부산 몸짱, 터프, 남자다움이라는 세 단어로 정의됐다. 입구에서 위엄 있게 들어오는 그의 포스는 굉장했다. '부산 몸짱 선발대회 일등'이라는 이력을 걸맞는 다부진 몸에, 짧은 스포츠머리, 줄무늬 티에 청바지를 말끔히 차려입은 모습이었다.

그는 게스트하우스를 오픈하기 위해 무려 5년을 준비했다고 한다. 여행을 좋아해 국내외 할 것 없이 많은 숙소를 다녔고 어떻게 하면 좋은 게스트하우스를 만들 수 있을지 고민했다고 한다. 게스트들이 필요로 하는 것이 무엇인지 생각하고, 인테리어까지 치밀하게 준비했다. 나 역시 많은 게스트하우스를 돌아다녔지만 스토리만큼 준비가 잘된 곳은 처음이었다. 소음에 민감한 여행자를 위해 귀마개를 챙겨 주는 것부터, 여행자들에게 부산 여행에 도움을 주고자 스파, 레스토랑·아쿠아리움등의 제휴업체를 할인된 금액으로 이용하기까지. 유난히 추운 해운대의 겨울, 슈퍼까지 가는 여행자를 보고 그 수고를 덜어주고 싶어 게스트하우스 옆에 작은 편의점도 만들었다.

현실적인 시각으로 여행자를 배려하는 마인드, 철저한 계획, 멀리 볼 줄 아는 판단력. 누가 봐도 사업가 기질이 충만한 그. 하지만 처음부터 모든 상황이 잘 맞아 떨어졌던 것은 아니었다. 그는 중학생 때부터 사업을 시작했다. 물론, 그때는 '작은 물건을 파는 일이 전부였다' 며 무덤덤하게 미소 짓는 사장님의 표정에서 그간의 그 노력들이 어렴풋하게나마 전달되었다. 저가숙소에 관심이 많다는 그는 '스토리 게스트하우스'가 부담 없는 가격에 편하게 쉬어 가고, 문화를 나누고 소통할 수 있는 여행자들의 공간이 되길 바란다고 말했다.

그리고 그날 말하지는 못했지만, 스토리는 이미 그런 공간이었다.

부산에서 만난 동네 언니

부산시내 곳곳을 구경하고 지친 몸으로 스토리 라운지에 들어서자 중앙테이블에 남녀 두 명이 앉아있다. 대충 인사를 하고 방에 들어갔는데 일요일이라 여행자들이 전부 빠져나갔는지 방엔 덩그러니 나 혼자. 심심하기도 하고 고장난 핸드폰 때문에 PC를 사용하러 라운지로 나오니 들어올 때 앉아 있던 남녀 커플은 함께 여행 온 커플이 아니라 각자 따로 온 여행자였다. 게스트하우스는 1분 먼저 만난 사람들을 엄청 친해 보이게 만드는 재주가 있다.

푸근한 외모에 푸근한 체격, 30대 중반의 남자는 주말에 월차를 합쳐 서울에서 부산으로 바람을 쐬러 왔다고 했다. 답답해서 미쳐버릴 것 같았다고. 옆에 있는 긴 머리에 예쁘장하게 생긴 언니는 20대 후반인데 호주에서 필리핀을 거쳐 한국에 2년 만에 왔다고 했다. 한국에서 재취업을 준비하기 전 지금밖에 기회가 없을 것 같아 다시 길을 나섰다고. 오랜만에 집에 온 딸이 오자마자 또 여행을 간다하니 어머니는 무척 섭섭해 하셨단다. 하지만 언니에겐 시간이 필요했다. 원래 하던 건축 일을 해야 할지 자신이 하고 싶은 일을 해야 할지 약간의 딜레마에 빠져있다고 말했다.

우리 방에 아무도 없어 외롭다고 말하니, 언니가 방을 옮겨 내방으로 오겠다고 했다. 그렇게 우리는 같은 방에서 하루를 보내게 되었다. 이런저런 이야기를 나누는 데 "그런데 언니 어디서 오셨어요?" 내가 물었고, 질문에 대답하는 언니에게 난 "엇, 나돈데!" 를 연발했다. 지역, 구로 좁혀진 우리의 대화는 곧 같은 동으로 좁혀졌고, 화살촉이 과녁에 명중이라도 하듯, 우린 같은 아파트 이름을 대며 마주보고 있었다. 고백컨대 소름 돋았다. 심지어 같은 단지, 마주보고 있는 동이었다. 왠지 언니가 낯익어 보였다.

다음날, 우리는 일찍 일어나 바다 위 지어진 해동용궁사도 가고 오지호 스태프가 추천한 맛집에서 점심도 먹었다. 내가 오늘 통영으로 떠난다는 말에 언니도 부산여행을 마치고 통영으로 가야겠다고 했다. 엄마에게 나흘의 시간을 달라며 시작된 언니의 여행은 그렇게 며칠이 지나도 끝날 줄을 몰랐다.

광안리

해운대 해수욕장 서쪽에 있다. 길이 1.2km의 질 좋은 모래사장으로 덮여 있고, 지속적인 수질정화를 실시해 인근에 고기가 살 정도로 깨끗해졌다. 젊은이들이 즐겨 찾는 명소로 밤이면 광안대교에 조명이 들어와 아름다운 야경이 장관을 이룬다. 크고 화려한 해운대에 비해 아기자기한 매력이 있어 정감 가는 곳이다.

add _ 부산시 수영구 광안2동 192-20 | **tel** _ 051-622-4251
web _ 수영구 문화관광 정보 www.suyeong.go.kr

누리마루 APEC

누리마루 APEC하우스는 2005년 제 13차 APEC 정상회담 회의장으로 해운대 동백섬에 세운 건축물이다. 순수 우리말인 누리(세계), 마루(정상)와 APEC 회의장을 조합한 것으로 '세계정상들이 모여 APEC회의를 하는 집'이라는 뜻을 가지고 있다. 해운대에서 누리마루까지는 트레킹 코스 '해파랑길'로 이어져있으며, 울창한 동백나무와 송림으로 둘러싸인 자연경관이 아름답다.

add _ 부산시 해운대구 동백로 116 | **tel** _ 051-744-3140 | **web** _ www.busan.go.kr

문탠로드

월출경관이 뛰어난 '달맞이 언덕'을 이르는 말로 달빛을 받으며 자신을 되돌아 볼 수 있는 곳이다. 밤바다와 밤하늘의 달빛을 모두 감상할 수 있어, 혼자 온 여행객들에겐 마음의 여유를, 커플여행자들에겐 분위기 좋은 데이트 코스로 인기.

add _ 부산시 해운대구 중동 | **tel** _ 051-749-4084 | **web** _ moontan.haeundae.go.kr

BEXCO 백스코

부산전시컨벤션센터로 각종 회의, 전시 및 다양한 박람회로 사용되는 공간이다. 동남권 최대 규모로 비상하는 갈매기와 파도, 배의 모습을 형상화한 디자인이 특징적이다. 공간은 전시장, 글래스홀, 다목적홀, 컨벤션홀, 야외 전시장의 시설로 나누어져 있다.

add _ 부산시 해운대구 우동 1291 | **tel** _ 051-740-7300 | **web** _ www.bexco.co.kr

용궁사

우리나라 3대 관음성지의 하나로 1376년 창건된 사찰이다. 사찰은 입구에서 108
개의 계단을 내려가면 자리한 곳으로 바다 가까이 절벽 위에 올려진 것이 특징이
다. 바다 위에 떠있는 것 같은 멋진 관경과 더불어 이곳에서 기도하는 한 가지 소
원은 꼭 이루어진다고 알려져 사람들의 발길이 끊이지 않는다.

add _ 부산시 기장군 기장읍 시랑리 416-3 | **tel** _ 051-722-7744
web _ www.yongkungsa.or.kr

해운대

부산하면 제일 먼저 떠올리는 곳. 수심이 얕고 모래의 질이 좋아 많은 피서객들
이 찾는 국내 최대 해수욕장이다. 매년 대보름날의 '달맞이 축제'를 비롯해 '모래축
제', '바다축제' 등 수많은 행사가 개최된다. 특히 부산국제영화제가 열리는 10월이
면 영화마니아들의 시선이 집중되는 곳. 해운대 모래사장 중심에 서서 바다를 바
라보면 시야엔 인공물 하나 걸리지 않는 끝없는 바다뿐인데, 그 광경이 마음의 체
증을 시원하게 뚫어준다.

add _ 부산시 해운대구 우 1동 1301~1387 | **tel** _ 051-749-5700

해파랑길

해파랑길은 동해를 상징하는 '해'와 바다의 '파랑'의 의미로 해와 바다가 어우러진
길이라는 뜻이다. 국내 최장 동해안 탐방로로 부산오륙도~강원 통일전망대까지의
길인데, 총 40개의 구간으로 나누어져있다. 부산의 1코스는 문탠로드에서 오륙도
선착장으로 이어지며, 해운대에서 동백섬 가는 길엔 '인어상'과 '누리마루'도 볼 수
있다. 바다 끝으로 난 트레킹 코스는 걷기전문가, 소설가, 여행작가, 역사학자 등
이 참여해 만든 길로 구간마다 가진 특색과 아름다움이 굉장하다.

구간 : 부산 오륙도~강원 고성 통일전망대 (688km) | **tel** _ 02-3704-9114

남포동 국제시장

국제시장은 가요 '굳세어라 금순아'에도 등장하는 것처럼 1950년 한국전쟁 이후 피난민들이 장사를 시작하면서 형성된 피난민의 애환이 깃든 장소이다. 현재 약 650개의 업체에 1,489칸의 점포가 자리해 있어 서울 남대문 시장과 비슷한 분위기지만 다른 재래시장과 다르게 식용품, 농수축물, 공산품 가게가 미로처럼 얽혀 있는 것이 독특하다.

add _ 부산시 중구 신창동 4가 37-1 | **tel** _ 051-245-2594

부산씨앗호떡

부산국제시장에 있는 부산명물 씨앗호떡. 씨앗이 듬뿍 들어가서 유명하기도 하지만, 만드는 과정이 속을 넣어 구워내는 일반 호떡과 다르다. 속없는 반죽을 먼저 구워낸 후 속을 채우는 방식이다. 설탕보다 씨앗이 주를 이뤄 고소하면서 달콤한 맛이 일품이다.

부산시립미술관

부산시립미술관은 문화 불모지라는 부산의 오명을 벗는 대표적인 공간이다. 각 장르별 미술작품과 자료의 수집, 전시, 연구와 국제교류를 위한 공간으로, 미술도서 자료실이 마련되어 있어 일반도서점이나 도서관에서 보기 힘든 미술 관련 전문도서와 잡지, 논문을 읽을 수 있다.

web _ art.busan.go.kr | **tel** _ 051-744-2602

부산맛집_새아침식당

부산해운대 맛집. 작은 식당이지만 매운 양념 생선구이 정식이 유명해 식사시간 외에도 줄서서 기다려야 한다. 꽤 많은 연예인이 다녀간 흔적도 있다. 구이도 맛있지만 정식에 함께 나오는 묵은지를 넣은 김치찌개의 깊은 맛도 빼놓을 수 없다.

add _ 부산시 해운대구 중1동 957-1 | **tel** _ 051-742-4053
생선구이정식 6,000원, 김치찌개 5,000원

썸 게스트하우스 (부산역점)

내일러들이 좋아하는 곳. 남녀층이 따로 분리
되어있으며, 깔끔한 부페형 한식으로 나오는
조식이 유명하다. '썸'이라는 재롱 많은 수컷
고양이가 이곳의 마스코트. 파우더룸과 라운
지공간 등 감각적인 인테리어를 갖추고 있다.
남포점에도 지점이 있다.

add _ 부산시 동구 초량동 1198번지
오성빌딩 3–5층
price _ 도미토리 2만 5천원~3만원,
2인실 5만원~7만원
(내일러 5천원 할인)
meal _ 한식 뷔페 형식
tel _ 051–442–6272, 070–4216–7272
web _ www.sumhostel.com

민트 하우스

12인실 여성 전용 게스트하우스로 2011년 굿
스테이로 등록된 곳이다. 여성을 위한 공간
으로 소소한 생필품을 준비해둔 주인장의 센
스가 돋보인다. 파우더룸엔 고데기도 준비되
어있다.

add _ 부산시 중구 중앙동 2가 35–1
리치투어 여행사 건물 3층
price _ 비수기 1인 2만 3천원~2만 5천원
성수기 2만 5천원~2만 8천원
(내일로 티켓소지시 2만원)
meal _ 식빵, 잼, 음료, 시리얼, 커피,
우유 등 제공
tel _ 010–6322–3194
web _ www.theminthouse.co.kr

젠 게스트하우스

2년 연속 'Best hostel in Korea' 상을 받았으
며 외국인들이 선호한다. 서면 지역에 위치한
유일한 게스트하우스다. 사주, 타로를 취미로
하는 주인장 덕에 무료로 사주도 볼 수 있다.

add _ 부산시 부산진구 부전동 450
네오스포아파트 1530호
price _ 도미토리 2만 2천원, 1인실 5만원,
2인실 6만원
meal _ 토스트, 버터, 잼, 각종 차 제공
tel _ 051–806–1530, 010–8722–1530
web _ www.zenbackpackers.com

와우 게스트하우스

현대자동차 연구소에서 일하던 주인장이 해
외 출장을 통해 접한 게스트하우스를 부산에
만들고 싶어 오픈한 곳. 여행자에게 '와우'라
는 말을 듣고 싶어 인테리어에 심혈을 기울
였다. 해운대 해수욕장 1분 거리에 자리해 있
어, 신호등만 없으면 뛰어서 30초 안에 바다
에 빠질 수 있다.

add _ 부산시 해운대구 우동
1380번지 3층
price _ 도미토리 2만 5천원
(내일로 소지자 2만원),
2인실 7만원, 3인 온돌방 7만원
meal _ 토스트, 잼, 주스, 커피, 시리얼 제공
tel _ 010–3564–1509, 010–8951–0959
web _ busanhaeundaeguesthouse.com

헬로우 게스트하우스

호텔처럼 고급스러운 인테리어를 갖추고 있
다. 까페 분위기의 공용 공간과 넓은 야외 테
라스가 마련되어 있다. 부산 토박이 스태프들
로 구성되어 있어 부산 곳곳을 자세하게 알
수 있다. 무료주차장을 갖춘 곳으로 친구들과
놀러가기 좋다.

add _ 부산시 해운대구 우1동
635–6 2층
price _ 도미토리 2만 3천원부터 3만원
(성수기 3만원부터 3만 7천원)
meal _ 모닝빵, 식빵, 계란, 잼, 버터,
커피 등 제공
tel _ 051–746–8590 010–5585–8590
web _ cafe.naver.com/hell0house

포비 게스트하우스

해운대에 위치한 친절한 주인 언니가 운영하
는 곳. 깨끗하고 평화로운 느낌으로 외국인
여행자도 많다. 침대 자리마다 콘센트가 있으
며 조리시설도 갖추고 있다.

add _ 부산시 중동 1394–328 2층
price _ 도미토리 2만 2천원부터 2만 8천원
(성수기 3만원부터 3만 8천원)
meal _ 식빵, 잼, 음료, 우유 제공
tel _ 051–746–7990, 010–7272–1282
web _ www.pobihouse.com

올라 게스트하우스

유쾌한 세 남자의
꿈 많은 공간

Writer's Comments

유쾌한 세 남자가 운영하는 게스트하우스. 순천 기적의 도서관 옆 놀이터 근처에 있다. 햇살이 잘 드는 12인실 여성 룸과 6인실 남성 룸이 있으며, 음식을 만들어 먹을 수 있고 세탁기도 쓸 수 있다. 섬세하게 고른 샴푸 린스가 맘에 든다. 올해 2월에 오픈해 시행 착오를 하나하나 겪어가며 보완해 나가고 있다. 워낙 욕심 많은 세 남자의 게스트하우스는 완성되기보다는 늘 현재 진행형일 듯하다. 그래서 지금의 공간보다 앞으로 그들이 만들어 갈 게스트하우스가 더욱 궁금해진다.

1 순천 기적의 도서관 골목에 위치한 올라 게스트하우스의 현관.
2,4 깔끔한 도미토리방과 방 한쪽에 놓인 사물함엔 귀중품을 보관할 수 있다.
3 거실 가득 들어오는 햇살과 연두 빛 소파가 아늑하다.
5 주방에선 직접 조식을 만들어 먹고 설거지를 해야 한다.
6 게스트들이 쉽게 친해질 수 있게 마련해 둔 게임기들.
7 얼마 전, 증설공사를 해서 화장실을 하나 더 만들었다.

GUESTHOUSE INFO

add _ 순천시 해룡면 상삼리 664-3번지
price _ 도미토리 1만 8천원
in & out time _ 2시 · 11시
meal _ 식빵, 잼, 우유 제공
tel _ 010-2957-0907
web _ www.holahouse.com

기적의 도서관 옆 아담한 게스트하우스

샤워하고 갓 나온 것 같은 상쾌함이 온몸을 감쌌다. 발걸음은 가벼웠고 구름은 예뻤다. 그날따라 이상하게도 기분이 그랬다. 순천 기적의 도서관에서 놀이터로 향하는 길도 맘에 들었다. 아이들이 놀이터에서 웃고 떠드는 행복한 소리가 낮게 배경음으로 깔렸다. 오후 네 시 반의 햇살은 그리 뜨겁지 않았다. 놀이터가 끝나는 길에 빨간 양동이 두 개가 놓인 흰 건물이 그날따라 예쁘게 보였다. 화분이 놓인 문에는 동그란 간판에 초록글씨로 '올라 (HOLA) 게스트하우스' 라고 적혀있었다. '올라'는 스페인어로 안녕이라는 뜻이다. 문을 열고 들어가 거실로 이어지는 미닫이문을 살며시 밀어 젖히고 안을 살폈다. 현관문 바로 옆 텔레비전으로 세 남자가 게임에 빠져 왁자하다. 대부분의 남자들은 게임을 입으로 한다. 그들 역시 그랬다. 내가 거실로 얼굴을 들이밀자, 마치 라디오를 꺼버린 듯 잠잠해졌다.

그들은 벌떡 일어나 나를 바라봤고, 우린 눈이 마주쳤다. 그때 알았다. 오늘 이곳에 머무르는 게스트가 나 혼자라는 사실을. 올라 게스트하우스는 리오, 제프, 존이라는 세 남자가 운영하는 게스트하우스다. 물론 세 사람은 모두 한국인이고 저 이름들은 닉네임이다. 게스트보다 호스트가 많은 이 상황을 어찌 설명해야 할까. 곧 사장님은 아니 사장님들은 날 방으로 안내했다.

입구 옆길로 난 창의 노란 커튼으로 노란 햇살이 쏟아져 온통 노란 거실을 만들었다. 햇살을 따라 앞쪽으론 연둣빛 작은 소파가 놓여있고 옆으로 쭉 뻗은 복도를 따라 주방과 두 개의 화장실이 있다. 세 남자 중 누군가 주방에 욕심이 있는지 주방이 꽤나 산뜻하다. 바둑알을 붙여 놓은 것 같은 검은색 흰색 작은 타일들에 원목 느낌의 싱크대와 수납장이 돋보인다.

거실의 연두 소파를 중심으로 두 개의 방이 있는데, 여자 방은 12인실이고, 그 옆 남자 방은 딱 그 절반 크기다. 사장님들을 따라 방으로 들어가자 상큼함이 물씬 느껴지는 반듯한 이불과 속이 통통하게 채워진 베개가 침대 위에 깔끔하게 정리되어 있다. 나는 12개의 자리 중 가장 구석진 1층 자리에 짐을 풀었다. 앞쪽 한 벽은 벽 전체가 고급스런 두꺼운 커튼이 쳐져있는데, 살짝 커튼 안을 살피니 놀이터로 바로 이어진 큰 창이 감춰져 있다.

음악학원으로 쓰던 건물을 개조해 만들어서 그런지 창에 발랄한 캐릭터 스티커가 붙어있다. 조금만이라도 빛을 통과시키는 커튼이었다면 더 좋았을 텐데 빛 한 점 허락하지 않는 두툼한 커튼이 조금 아쉬웠다. 텅 빈 방을 보고 당황하는 나에게 세 남자가 말했다. 오늘이 일요일이라 전부 체크 아웃을 했다고.

세 남자는 게스트하우스 운영에 있어 철저하게 분업을 하고 있다. 리오는 홍보를 담당하고 존이 재무를, 제프는 게스트들과의 대화를 담당한단다. 맡은 역할도 다르지만 캐릭터들도 너무 달라 보고 있으니 콩트를 보는 기분이다. 제프는 고교시절 방송부를 했던 말 주변이 굉장한 센스남이다. 주로 제프가 이야기하고 두 명은 리액션을 담당한다. "근데 작가라고 해서 엄청 아줌마가 올 줄 알았어요. 호호." 제프가 한 말에 남은 리오와 존이 맞추기라도 한 듯 맞장구친다. 계속되는 그들의 콩트 대화에 난 그저 웃고만 있었다. 순천토박이 리오가 지금 순천만에 안 가면 노을을 못 본다고 말하기 전까지.

갈대 숲이 우거진 환상적인 순천만

순천만으로 길을 나섰다. 순천은 관광지가 뚝뚝 떨어져 있어 버스를 갈아타고 40분 정도 가야 순천만에 갈 수 있다. 순천에서는 시티 투어를 이용해도 좋을 것 같다. 만원 정도면 순천역에서 드라마 세트장, 순천역, 낙안 읍성 등 순천의 주요 관광지를 편하게 둘러 볼 수 있다. 순천만은 갈대가 우거진 습지로 일몰이 유명한데, 그 아름다움은 세계적으로 유명하다. 물론 전망대에 오르기 전 몽환적인 갈대밭도 근사하지만 용산 전망대에서 바라보는 온갖 붉은 오렌지 빛의 하늘 그리고 아래 갯벌과 갈대밭 해안선으로 비춰지는 또 다른 하늘은 여행 중 내가 본 가장 아름다운 풍경이 아닐까 싶다. 내가 순천만에 간 날은 그리 좋은 날씨는 아니어서 제 모습을 다 발휘하지는 못했지만 그마저도 날 홀리게 만들었다.

사람 키만한 갈대들이 끝없이 펼쳐진 갈대밭으로 외로이 뻗은 나무로 만든 길을 따라 전망대로 향했다. 갈대밭에서 용산전망대 입구까지 30분, 전망대 정상에 올라가는 것도 30~40분 정도 걸린다. 아름다운 일몰에 넋을 잃다 보면 시간이 훌쩍 지나가니 여유있게 계획해서 가는 것이 좋겠다. 바람이 불자 아직 채 익지 않은 초록갈대들이 일렁인다. 마치 초록 물 위를 걷는 것 같다. 순천만 갈대에서 서식한다는 작은 게들이 가끔 길 위로 올라와 아이들의 환호를 자아낸다. 갈대밭이 끝나는 지점에서 전망대로 올라가는 입구가 나오는데 꽤 높다.

오랜만의 등산이다. 땀을 뻘뻘 흘리며 올라가니 양쪽으로 뻗은 나뭇가지 사이 사이로 조금씩 조금씩 갈대숲이 내려다보인다. 날씨는 바람한 점 없이 푹푹 찐다. 전망대 정상에 가기 전 등산로 가장자리에 중간 전망대가 보였다. 체력이 금세 바닥나 그곳에 털썩 앉았다. 옆을 보니 나처럼 힘들어하는 이가 또 있다. 모자로 삐져나온 흰 머리카락에 얼굴이 빨갛게 달아오른 60대 네덜란드 할아버지 로엘이었다. 내가 나뭇가지 사이로 보이

갯벌과 함께 끝없이 펼쳐지는 순천만 갈대 숲. 여름엔 녹색 물결. 가을엔 황금 물결을 이룬다.
바싹 마른 갈대에 눈이 덮인 겨울 풍경은 그야말로 낭만적이다.
전망대에서 바라보는 순천만 일몰은 말문이 막힐 정도로 아름답다.

는 하늘을 찍고 있는데 그가 말했다. "찍어 줄까?". 그리고 난 조리개 값과 스피드 값을 맞춰 그의 손에 쥐어줬다. 그는 한참 동안 초점을 돌려가며 맞추더니 찰칵 셔터를 눌렀다.

로엘은 서울에서 공부하는 아들을 만나러 왔단다. 여수엑스포를 보러왔다가 순천을 둘러보는 중이라고 했다. 아들은 전망대까지 올라가고 자신은 이곳에서 기다린다고 했다. 힘들어서 포기했는데 이곳에서도 충분히 아름답다고. 그저 자신이 즐길 수 있는 높이에서 즐기면 그뿐인 거란다. 무리할 필요도 없고, 정상이 더 좋을 거라는 기대도 없다. 그저 지금 보이는 이 광경이, 자신이 갈 수 있는 이 높이가 최고란다.

몇년 전 네덜란드에 갔던 이야기를 꺼냈다. 암스테르담에 도착했을 때 튤립도 풍차도 없이 느껴졌던 수상하고 음산한 기운들. 그렇게 하루 이틀이 지나면서 빠져들었던 자유로운 분위기. 근교로 나가면 내 생각과 일치하는 튤립이 만발한 풍차마을을 만날 수도 있는 두 얼굴의 나라. 내가 암스테르담이 좋았다고 하니 그는 모던하면서도 고전적인 한국도 멋있다고 한다. 짧은 만남을 뒤로 하고 그가 날 찍어 주었던 공간에 그를 세우고 카메라에 담았다. 그리고 다시 길을 나섰다. 어쩌면 그날 그가 찍어 준 내 사진이 이번 여행 중 유일한 나의 독사진일 거다.

그를 뒤로 하고 곧 전망대에 다다랐다. 아직 태양은 밝았고, 일몰을 기다리는 사람들이 진을 치고 앉아있다. 지나온 갈대밭들이 눈 아래 잔디처럼 깔려있다. 이런 저런 생각을 하며 멍하니 있는데 사람들이 웅성거렸다. 고개를 드니 노을이 펼쳐진다. 빨간 오렌지 빛이 요동친다. 아래로는 갈대밭이 동글동글하게 해안선을 따라 공룡의 발자국처럼 펼쳐졌다.

입에서 새콤한 오렌지 맛이 느껴질 만큼 동그란 오렌지 빛 태양이 떠오르듯 지고 있다. 뜨는 태양과 지는 태양은 호떡의 앞뒤를 구분하듯 어렵다. 그저 약간의 알 수 없는 기운으로 구분되는데 일출은 왠지 모르게 새롭고 일몰은 왠지 모르게 아쉽다.

순천은 딱 여자들의 도시다. 여자들의 감성을 잘 이해한 도시처럼 섬세하고 아름답다. 그래서 여행 좀 안다는 여자여행자들에게 순천은 꽤 알아주는 명소다. 날이 어두워져 숙소로 돌아오니 집이 넘어지면 코 닿을 곳에 있다는 세 명의 주인이 거실에서 날 기다리고 있다. 혹시나 예약 없이 온 게으른 여행자 한 명 정도는 있지 않을까 했지만 거실엔 오로지 세 사장님뿐이었다.

이것저것 못다한 이야기를 하고, 내 집에 온 친구를 보내듯 세 사람을 배웅하고 방에 들어왔다. 옆으로 누우니 같은 모양의 침대들이 같은 간격으로 버퍼링되는 동영상의

잔상처럼 나열되어 있다. 눈을 감았다. 누군가 내 앞에 마주보고 누워있는 것 같아 돌아
누웠다. 내 등 뒤 4개의 침대중 하나에 누군가 누워 내 뒤통수를 바라보는 것 같다. 식은
땀을 흘리며 곧장 일어나 불을 켰다. 결국 난 새벽까지 불을 끄지 못했다.

순천 남도 게스트하우스

여행자로 살아온 목수 출신 주인장이 운영하는
곳으로 이곳의 이층침대를 포함한 모든 가구는
그가 직접 만들었다. 가정집 느낌의 자유로운 분
위기로 며칠씩 장기로 머무는 이들이 많다.

add _ 순천시 장천동 35-8
price _ 도미토리 2만원 (내일러 1만 7천원)
meal _ 토스트, 잼, 우유 등 제공
tel _ 010-4356-3255
web _ blog.naver.com/namdogeha

순천만 게스트하우스

오직 여성 내일러들만 갈 수 있는 게스트하우
스. 교회 청소년 수련관을 게스트하우스로 운영
하는 곳으로, 1박 7천원이라는 착한 가격으로 이
용 가능하다. 순천만에서 5분 거리에 있어, 아침
9시 이전에 순천만 무료 입장도 가능하다.

add _ 순천시 대대동 대대2길 18-6
price _ 도미토리 7천원
tel _ 010-8244-1757, 061-741-1757
web _ cafe.naver.com/suncheonbay

하동 도시고양이 생존연구소

도시 고양이란, 도시에 살지만 구석으로 모여
드는 습성을 가진 여행자를 말하는데 여행자
를 연구하는 아저씨가 운영하는 곳이다. 일층
창문으로 섬진강과 녹차밭이 보인다. 근처 슈
퍼가 없으니 간단한 요깃거리를 챙겨가도록
하자. 순천에서 1시간 거리다.

add _ 경남 하동군 은덕리 383번지
price _ 도미토리 1만 5천원,
　　　　　　2인실 6만원, 4인실 10만원
　　　　　　(성수기 7월 17일~8월 20일
　　　　　　; 2인실 10만 4인실 13만원)
tel _ 010-4125-0535
web _ cafe.naver.com/sumzin

욕심많은 그들의 미완성 게스트하우스

리오, 존, 제프라는 이름으로 게스트하우스에서 생활하는 그들. 제프는 호주 워킹홀리데이를 다녀오면서부터 게스트하우스에 관심이 생겼다. 혼자 할 엄두가 나지 않던 그는 친구 리오와 존 형님을 끌어들였다. 그들은 제프가 말하는 생소한 게스트하우스라는 단어에 조금 머뭇거렸지만 제프에게 설득당했다. 그렇게 존 형님의 듬직함과 빠른 추진력의 홍보 담당 리오까지 합세하면서 입소문이 빠르게 번졌다.

사실 그들은 모두 번듯한 직장을 가진 사회인이다. 그런데 웬 게스트하우스냐며 발동해 묻자 다들 비슷한 이야기를 꺼낸다. 30대 초반의 제프, 리오 그리고 나이가 꽤 있는 존까지 이제 일이 어느 정도 손에 잡히고 안정적인 삶을 찾아가고는 있지만 이상하게 알 수 없는 가슴 속 허전함을 채울 수가 없었다고. 그 허전함이 아직도 뭔지는 모르겠지만 여행자들을 만나면서 그 허전함 들이 채워지고 있는 것 같다고.

그들의 허전함을 채워준 많은 게스트들이 있지만 그 중에서도 첫손님의 기억을 빼놓을 수 없다. 블로그만 하나 만들어놓고 첫 오픈 손님을 기다리던 그때, 세 남자의 긴장과 설렘으로 가득 차 있던 그때, 한 여자여행자가 이곳을 찾았다. 그때도 게스트는 그녀뿐이었단다. 세 사장님은 찾아와 준 그 손님에게 너무 고마웠고 하나라도 더 챙겨주고 싶었다. 한명씩 하나씩만 챙겨줘도 세 개고 두 개씩 챙겨 주면 여섯 개다. 어쩔 수 없이 이곳에선 공주 대접을 받게 된다.

처음엔 그들의 대접에 당황해 하던 그녀가 나중엔 너무 재밌어 하며 그 후로도 몇 번은 왔다갔다고 한다. 하지만 세 명이 모여 봐야 초짜인건 마찬가지였다. 게스트가 많아지면서 생각지도 못했던 불만들이 터져 나왔다. 화장실만 해도 그랬다. 처음 오픈했을 땐 화장실이 하나였단다. 당연히 불만이 터져 나왔고, 그들은 미처 생각지 못한 문제에 당황했지만 바로 화장실 증설 공사를 했다. 여러 사람이 모이는 게스트하우스에 각기 다른 취향들을 하나하나 맞춰 줄 수는 없지만 그 적합한 최적의 룰을 만들기 위해 아직도 고민이 많다고 했다.

얼마 전에는 여수엑스포 근처에 게스트하우스를 하나 더 오픈했다. 그들은 욕심이 많다. 전라도 각 지역에 게스트하우스를 하나씩 만들어 투어로 엮어 저렴한 가격에 전라도 지역을 숙소 걱정 없이 편안하게 여행할 수 있게 만들고 싶다고 한다. 포부를 말하는 그들의 눈빛이 반짝인다. 그들의 게스트하우스는 아직 미완성이다. 그래서 지금의 이 공간보다 앞으로 그들이 만들어갈 게스트하우스가 더욱 궁금하다.

순천 게스트하우스

오직 여섯 여성 여행자만을 위한
포근한 방

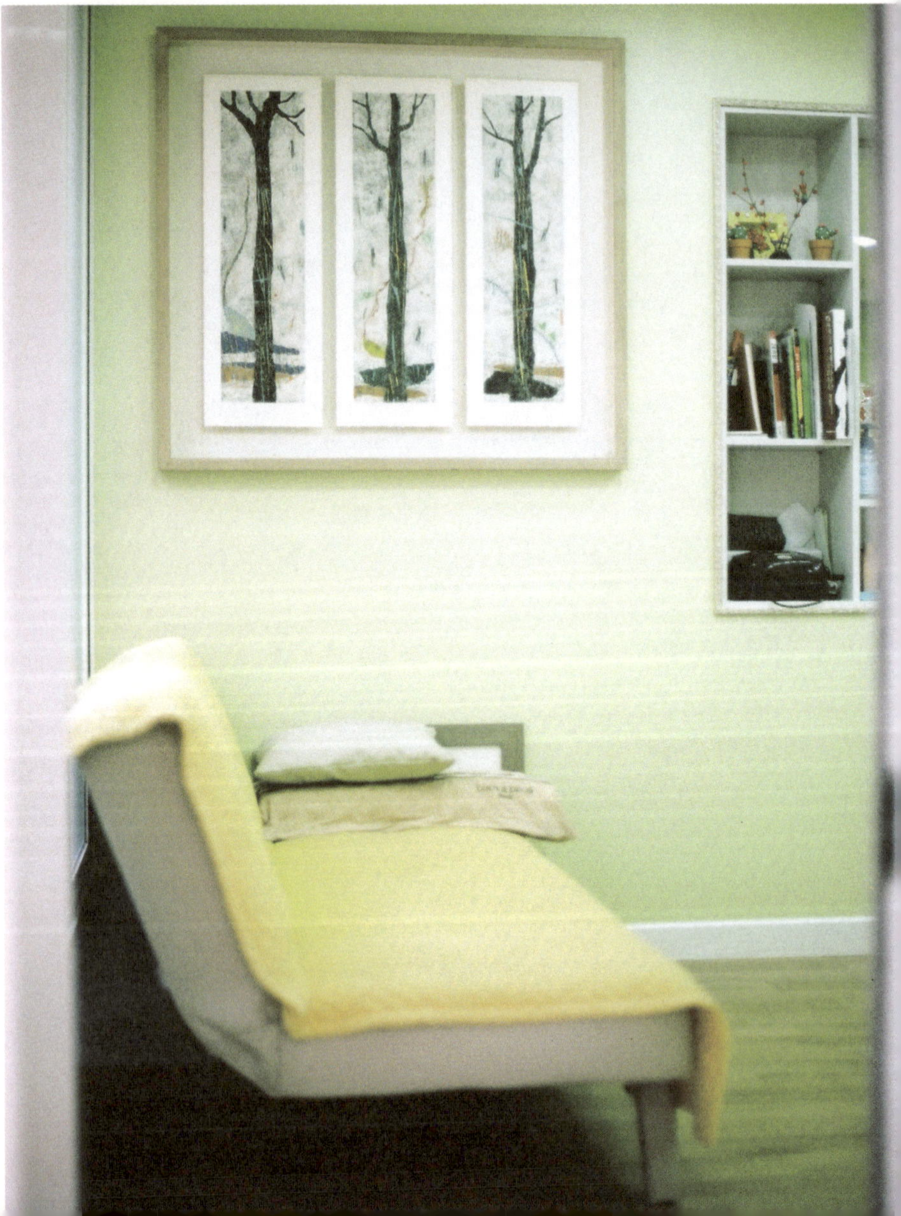

순천에 있는 여성 전용 게스트하우스. 워낙 소수 정원이다 보니 사전 예약은 필수! 성수기엔 무려 두 달 전부터 예약 마감이 될 정도로 인기가 좋다. 주인 언니가 아침으로 제공하는 솜씨 좋게 만 김밥과 여성여행자들의 짐을 하나라도 덜어주려고 잠옷까지 준비해 둔 배려가 돋보인다. 소수 정원이기에 저절로 가족적인 분위기가 된다. 조용히 혼자 떠난 여행자라도 친구로 만들어버리는 공간! 순천역 가까이에 있으니 기차를 타고 순천에 오는 여행자들은 놓치지 말자!

GUESTHOUSE INFO

add _ 순천시 풍덕동 864-4번지
price _ 도미토리(6인실) 2만원
in & out time _ 2시 · 10시
meal _ 따뜻한 김밥
        (이른 아침 – 빵과 우유 제공)
tel _ 010-6610-2178
web _ scminbak.blog.me

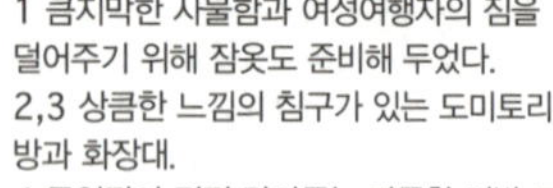

1 큼지막한 사물함과 여성여행자의 짐을
덜어주기 위해 잠옷도 준비해 두었다.
2,3 상큼한 느낌의 침구가 있는 도미토리
방과 화장대.
4 주인장이 직접 말아주는 따뜻한 김밥 조식.
5,6 마당으로 난 창이 있는 널찍한 화장실과
샤워실. 상큼한 타일로 이뤄진 주방.

낯선 도시에 있는 언니네 집

선택받는 건 영화 '어벤저스'에 등장하는 영웅 뿐이 아니었다. 바로 이곳 순천 게스트하우스에도 선택받은 여섯 명이 있었으니. 하루 단 여섯 개의 베드를 차지한 선택받은 여행자들이다. 여성들이 좋아하는 도시 순천. 순천의 유일한 여성 전용 게스트하우스가 바로 이곳 순천 게스트하우스다. 30대 중후반쯤 되어 보이는 주인 언니가 운영하는 곳으로 순천역 근처 건물 1층에 있다. 순천 게스트하우스에는 주방 겸 거실, 이층침대가 놓인 6명이 생활하는 공간과 화장실 그리고 조그마한 마당과 테라스가 있는데, 이곳 바로 위층에 주인 언니의 부모님이 살고 계신다.

주인 언니가 실질적인 운영을 하고 전화 예약과 블로그 관리는 동생이 맡는데, 자매가 바쁠 때면 위층 사는 어머니까지 합세한다. 온 집안 여자들이 나서서 순천 게스트하우스를 만들어가고 있는 셈이다. 세 개의 이층침대가 놓인 딱 여섯 명을 수용할 수 있는 순천게스트하우스는 소수 정원이다 보니 예약하기가 하늘의 별따기인데, 성수기엔 두 달 전부터 예약이 밀릴 정도. 내가 순천에 왔을 때도 예약이 꽉 차 이곳에 머무르지는 못했다.

다만 여수로 떠나는 날, 마침 역 근처에 자리해 있다고 해서 잠시 들러보았다. 역에서 나와 시장 방향으로 조금 걸으면 5분 거리에 있는 곳인데, 언니는 내 등장에 아침에 말아둔 김밥과 물김치를 펼쳐 놓는다. 마침 딱 한줄 남았다고. 바로 이 김밥이 소수정원만큼이나 이곳을 유명하게 만든 주인공이다. 아침마다 예사롭지 않은 솜씨로 언니가 직접 말아주는 따끈한 김밥.

"아침마다 김밥 싸는 게 귀찮지 않으세요?"

내가 물으니, 언닌 김밥 싸서 여행자에게 먹이는 게 재미있단다. 아침을 빵으로 주면 안 먹고 가는 여행자들이 많은데, 김밥을 주면 싸가서라도 먹으니 다행이라고. 거기다 여자들의 짐을 하나라도 덜어주고 싶어 잠옷까지 거실에 준비해 두었다.

여행자들은 이미 나가고 아무도 없었다. 열린 방문 안으로 상큼한 레몬 노랑 컬러의 벽이 보인다. 연한 나무의 이층침대가 있고 분홍 하늘의 파스텔 컬러 이불이 있는 진한 잠 냄새나는 공간. 방 바로 뒤로는 꽤 넓은 화장실이 나온다. 화장실은 창으로 햇살이 잘 들어 낮엔 불을 안 켜도 환하다. 방보다 화장실이 더 맘에 든다.

현관으로 들어오면 미용실에서나 볼법한 한 짐 가득 넣어도 충분할 만큼 넉넉한 개인수납장이 놓여 있고, 소파 주변으로 아름다운 순천 풍경이 담긴 사진들이 붙어있는데 사진작가로 활동하는 주인 언니의 형부가 직접 찍은 사진이라고. 방이 있는 반대편 거실 벽 쪽으론 노랑 연두 주황의 타일들이 마구 붙은, 요리하고 싶게 만드는 주방이 자리한다. 블로그에서 보니 작은 마당의 테라스도 꽤 근사하던데, 그 날은 보수 공사 중이라 제대로 볼 수는 없었다.

이곳은 여성 전용에다 주인 언니가 든든한 보호자 느낌이 충만해 여행자들 사이에서도 인기가 좋지만, 직장인과 학생에게도 인기가 좋다. 한번은 한 학생이 실습 때문에 보름 정도 머무르게 되었는데, 그 부모님이 먼저 이곳을 탐방 오셨더란다. 언니는 학부모님를 맞는 담임선생님의 기분으로 서 있었다고. 그렇게 부모님의 예리한 눈초리에도 인정받은 듬직한 공간임은 분명했다. 순천 게스트하우스는 문을 열고 딱 들어서는 순간 맘이 편안해진다. 작은 방 안, 언니의 그라운드 안에 들어가면 든든해진다. 낯선 도시에 내 진짜 언니가 있는 것처럼.

여섯 명밖에 못 재워서 미안할 때가 많아요

주인 언니의 또 다른 직업은 학습지 선생님이다. 출퇴근이 비교적 자유로워 게스트하우스를 운영하기에 좋은 직업이다. 퇴근하고 집에 오면 오히려 텅 빈집이 아닌 여행자가 있어 다행이라고 생각될 때가 있다고. 그녀는 푸근한 몸집에 편안한 말투를 지녔다. 몇 안 되는 주름도 웃을 때 생긴 주름처럼 시종일관 웃는 얼굴이다.

"우리 집은 여섯 명 밖에 못 머무르는데 소개하면 여행자들에게 민폐 아닐까?"

내가 처음 이곳을 소개하고 싶다고 했을 때 언니가 한 말이다. 순천에 방문하는 수많은 여행자들 중 딱 여섯 명만 머물 수 있으니 그럴만하다. 가끔 예약 없이 찾아오는 여행자들을 문 앞에서 돌려보낼 때 그 뒷모습을 보면 맘이 아프다. 같은 여자라서 더욱 그렇다. 저 어린 여자아이가 오늘 방을 못 구하면 어쩌지…… 돌아가는 여행자의 뒷모습을 따라 언닌 심각한 고민에 잠긴다. 그렇다고 해서 인원을 초과하는 건 미리 예약한 여섯 명에 대한 예의가 아니다. 그래서 언니는 지금의 게스트하우스 주변에 게스트들이 여행 정보를 공유할 수 있는 여행자 카페와 방을 더 준비하려고 계획 중이라고. 빨리 그 공간이 만들어져 나도 언니의 그라운드 안에서 머무르며 순천을 천천히 돌아보고 싶다. (내가 일찍 방문하는 바람에 언니의 쌩얼 사진은 담지 못했다.)

순천만

전국에서 가장 자연적인 생태계와 국제적 희귀 조류의 월동지로 각광받는 순천만. 풍부한 생물 종의 보고이며, 연구 대상 지역으로 매우 중요한 지역이다. 또한 끝없이 펼쳐진 광대한 갈대밭은 여름엔 초록물결을, 가을엔 황금물결을 이룬다. 천연기념물 제228호인 흑두루미를 비롯하여 희귀조류 25종과 한국조류 220여 종의 서식지이며, 갈대밭을 따라 위쪽으로는 순천만 전경을 내려다 볼 수 있는 용산전망대가 있다. 특히 전망대에서 바라보는 S형 수로와 순천만 일몰은 빼어나기로 소문난 경관이다.

add _ 순천시 대대동 162-2 | **tel** _ 061-749-4007 | **web** _ www.suncheonbay.go.kr

기적의 도서관

사회와 감응하는 건축가로 잘 알려진 정기용 건축가가 지은 건축물이다. 시민단체인 '책 읽는 사회 만들기 국민운동'과 MBC 〈느낌표〉가 함께한 프로젝트 '기적의 도서관'에서 국내 최초 설립한 어린이전용 도서관. 2층은 별나라, 지혜의 다락방, 비밀의 정원 등으로 아이들의 호기심을 자극할만한 테마를 가진 전시실과 깔끔한 도서관 인테리어가 돋보인다. 도서관에는 부모와 자녀가 함께 눕거나 기대어 책을 읽을 수 있는 공간이 많아 편안하고 자유로운 분위기다.

add _ 순천시 해룡면 상삼리 666 | **tel** _ 061-749-4071

순천 드라마 세트장

영화와 드라마 촬영지로 70~80년대 서울을 옮겨놓은 듯한 세트장이 그 시절을 연상시킨다. 지금은 사라진 가게들과 봉천동 달동네를 재현해놓은 세트장이 눈길을 끈다. 드라마나 영화를 좋아하는 여행자들에게 인기가 많다.

add _ 순천시 조례동 22 | **tel** _ 061-749-4003
web _ scdrama.sc.go.kr | **open** _ 9시부터 6시까지

낙안읍성

조선시대 대표적인 지방계획도시로 대한민국 3대 읍성 중 하나다. 산들이 감싸 안은 낮은 돌담들이 아름다운 마을이다. 수백 년을 거꾸로 돌려놓은 것 같은 과거 속에 살아가는 현재의 마을 모습을 볼 수 있다. 조선 중기 만들어진 석성 내부로 행정구역상 세 개의 마을엔 100여 가구의 사람들이 거주하고 있다. 현재 세계문화유산 잠정목록 등재 및 CNN선정대한민국 대표 관광지 16위로 선정되어있다.

add _ 순천시 낙안면 남내리 | **tel** _ 061-749-3347 | **web** _ www.nagan.or.kr

연우 & 인우하우스

고궁과 가까운
한옥에서의 하룻밤

Writer's Comments

북촌 토박이 가족이 운영하는 진정한 홈스테이형 게스트하우스. 인우하우스는 북촌에서 가장 유명한 게스트하우스인 연우하우스 주인 할머니의 아들이 운영하는 곳이다. 두 게스트하우스의 방이 많지 않아 숙박 계획이 있다면 예약을 서둘러야 한다. 외국인이나 아침식사를 꼭 챙겨 먹는 스타일이라면 푸짐한 아침 밥상과 붓글씨 체험을 할 수 있는 연우하우스를, 조금 더 조용한 휴식을 원하는 이삽십대라면 인우하우스를 추천! 바쁜 일상에서 벗어나 겨울에는 따뜻하고 여름에는 시원한 한옥을 느껴보자. 서울 한복판에 자리한 고즈넉한 한옥에서 조용히 하룻밤을 보내고 싶은 이들이라면 만족도 100%. 외국인 친구나 여행자에게도 강추.

인우하우스

add _ 서울시 종로구 계동 2-63
price _ 2인 7만원
　　　　(인원 추가시 1인당 2만원)
in & out time _ 2시 · 11시
meal _ 떡국 or 토스트
service _ 드라이기, 거울, 커피포트,
　　　　수건, 와이파이 등
tel _ 010-2204-7612
web _ cafe.daum.net/inwoohouse

연우하우스

add _ 서울시 종로구 가회동 11-45
price _ 2인 10만원
　　　　(인원 추가시 1인당 3만원)
in & out time _ 2시 · 11시
meal _ 한상 가득 푸짐한 한식
service _ 드라이기, 거울, 커피포트, 수건,
　　　　와이파이, 붓글씨체험 등 제공
tel _ 02-742-1115, 010-8437-6111
web _ homestay.jongno.go.kr

1 방에서 보이는 현관과 마당의 모습.
2,3 방에는 드라이기, 거울 등이 비치되어
있고, 한국화 · 서예 등의 족자가 걸려있어
한국적 느낌이 물씬 난다.
4 샤워실과 화장실도 깨끗하고 편리하게
쓸 수 있다.
5 인우하우스에서 제공하는 조식.
6 한옥의 느낌을 살려 따뜻함이 묻어나는
게스트하우스 모습.

북촌의 깨알 같은 보물 발견하기

"양궁 사잇길은 저승에서도 거닐고 싶다." 한 북촌 주민의 말이다. 경복궁과 창덕궁을 양쪽에 둔 사잇길. 바로 북촌을 일컫는 말. 동네 사람들에게 길 한번 잘못 물었다 북촌 자랑이 끝없이 터져 나온다. 변치 않는 동네에 살고 있다는 자부심과 예로부터 양반관료들의 주 거리였다는 자부심이 약간의 말투와 작은 눈짓에도 그대로 묻어난다.

안국역 3번 출구로 나오면 왼쪽 첫 번째 골목이 계동길 시작이다. 안국역과 중앙고교를 잇는 7백 미터도 채 안 되는 작은 길. 하지만 과거와 현대가 절묘하게 조화를 이뤄 한번 다녀간 사람은 또 다시 찾게 만드는 매력적인 길이다. 고즈넉했던 계동길에 언제부턴가 한옥을 개조한 상가들이 하나둘 생겨나기 시작했다. 간판 하나 없는 가게부터 화려한 LED조명까지 한옥과 안 어울릴 듯 어울리는 묘한 풍취가 곳곳에 숨어있다.

깨알 같은 보물을 발견하는 기분으로 계동길 끝자락에 다다르면 드라마 〈겨울연가〉의 촬영지인 중앙고교가 나온다. 중앙고교를 기준으로 오른쪽으론 계동, 왼쪽은 가회동인데 오늘 찾아갈 연우하우스는 중앙고교를 바라보고 왼쪽으로 두 번 꺾으면 나오는 가회동 11번지에 있다. 11번지엔 민화공방, 금박연, 동림매듭, 자수공방 등 전통체험과 전시공간이 옹기종기 모여 있다. 이곳에서 몇 걸음 걸어 내리막길이 시작되는 지점에서 오른쪽 방향으로 몸을 돌리면 가회동 31번지가 건너편에 내려다보인다. 그 아래로 뻗은 돌계단의 3분의 1지점 골목에 바로 연우하우스가 있다.

북촌 토박이인 할아버지 할머니는 살던 집을 보수하고 두 개의 손님방을 만들었다. 연우하우스의 '연우'는 손녀딸 이름. 이곳은 할아버지의 까다로운 입맛 덕에 머무는 손님까지도 할머니의 기막힐 정도로 푸짐한 아침상을 대접 받을 수 있는 곳이다. 홈페이지 하나 없이 연일 만원을 기록하는 연우하우스의 인기에는 근사한 아침상과 더불어 할아버지의 붓글씨 체험도 한몫한다.

추억으로 공간 이동이라도 하듯 삐그덕 문을 열고 들어서니 열 걸음이면 충분한 아담한 마당이 눈에 들어온다. 마치 시냇가 돌다리를 연상시키는 솥뚜껑만한 돌덩이가 마당에 총총 박혀 그 틈으로 풀들이 자라고 있다. ㅁ자 한옥 구조의 지붕 사이로 도넛처럼 하늘이 뚫려 마당의 꽃들 위로 햇살이 가득하다. 사방으로 난 문 때문에 어디서 할머니를 맞게 될지 몰라 마당 중앙에 서 있으니 할머니가 뛰어나오신다. 할머니는 안타까운 표정으로 오늘 방이 부족하니 막내 아들이 운영하는 인우하우스로 가자신다. 할머니의 야무진 밥상과 할아버지의 붓글씨를 기대하고 온지라 조금 실망했지만, 한집이나 다름 없다는 말에 발걸음을 옮겼다.

연우하우스를 빠져나와 할머니가 일러준 대로 인우하우스로 향했다. 인우하우스는

1 ㅁ자 모양의 지붕 안으로 햇살이 쏟아지는 인우하우스의 아침.
2,3 인우와 연우의 앙증맞은 신발들이 마루 아래위로 줄지어 놓여있다.
4 인우네 개 요한이와 인우네 식구들.
5 북촌 8경 중 1경에서 바라본 돌담 위로 펼쳐지는 창덕궁 전경.
6 세련된 선을 자랑하는 한옥 처마 지붕. 그 아래로 달린 풍경이 바람 따라 흔들린다.

북촌 5경에서 6경을 바라보면 오르막길 골목 양옆으로 한옥들이 데칼코마니처럼 마주 보고 있다. 반대로 6경에서 5경을 내려다보면 저 멀리 높은 빌딩들과 서울N타워가 보인다.

중앙고교를 왼쪽에 두고 오른쪽 첫 번째 골목에 있다. 인우하우스에 들어서니 요한이라는 큼지막한 개 한 마리와 아이들의 색색 신발이 청마루 위아래로 줄지어 있다. 인우네 아저씨는 창틀을 닦고 있다 반갑게 맞아주신다. 네모 반듯 빙 둘러가며 오른쪽은 주인집이고 앞쪽에 손님방 하나와 왼쪽과 뒤쪽으로 화장실과 또 다른 손님방이 있다. 조신하게 신발을 벗고 마루로 올라가 문고리에 손가락을 살포시 넣어 드르륵 밀었다. 옛 추억을 불러일으키는 노란 장판과 흰 문양 벽지 그리고 연우 할아버지가 그린 수묵담채가 어우러져 깔끔하면서도 한국적인 방이 나타났다. 혼자 쉬기 딱 알맞은 편안한 공간이다.

북촌 8경 산책하기

연우하우스는 북촌 3경에, 인우하우스는 중앙고교 근처에 자리하고 있어 동네 산책을 하며 북촌 8경길과 계동길을 즐길 수 있다. 북촌의 진면목은 북적이는 오후보다 아침 무렵에 제대로 느낄 수 있다. 북촌 게스트하우스에 묵는다면 머무르는 동안 부지런을 떨어서라도 아침 산책을 권하고 싶다. 안내소에서 챙긴 잘 정리된 지도를 따라 북촌에서 가장 근사한 풍경을 볼 수 있다는 8경 코스 길로 향했다. 오랜만에 만난 친구는 낯섬보다 반가움이 크듯 시골집에 가는듯한 설렌 발걸음에 한껏 멋을 낸 기왓장들이 더 없이 반갑다. 집과 집 사이 틈과 틈으로 만들어진 좁고 긴 골목들은 모퉁이 하나를 돌 때마다 전혀 다른 풍경으로 답한다. 특히 가회동 내리막길인 북촌 6경에서 5경을 내려다보면 주변의 고풍스런 한옥과 저 멀리 높은 빌딩을 동시에 볼 수 있다. 그 모습은 참 익숙하면서도 낯설다.

그대로 8경 방향으로 올라가면 삼청동이 한눈에 보이는 돌계단 길과 맑은 하늘 길을 만날 수 있다. 굽이굽이 다른 길이의 길들로 얽힌 마을은 마치 우리네 인생과 닮았다. 오늘 어느 골목 모퉁이 뒤에 무릎을 탁 치게 만드는 사건과 이야기가 숨어있는지 알 수 없는 노릇이니 말이다. 북촌은 내게 이런 철학적 생각을 하게 만든다. 왜 그 옛날 양반들이 이곳에 모여들었는지 알 것 같다. 이젠 전국 어디에서도 보기 힘든 귀한 한옥을 서울 한복판에서 볼 수 있다니. 북촌을 한 바퀴 돌고 나니 나 역시 자부심이 생겨버렸다. 짧은 한옥 추억도 이리 알싸한데, 이곳에서 태어나 자라고 또 아이를 낳고 살아가는 북촌 주민들은 어느 한곳 소중하지 않은 곳이 없겠다.

8경을 따라 돌계단 길로 내려가는데 한 일본여성이 씩씩대며 올라온다. 좁은 골목이라 서로 마주치자 바닥만 보고 올라오던 그녀가 날 보며 놀란다. "스(헥헥) 스(헥) 스(헥헥)" 스미마셍이라고 하려는 듯한 그녀의 거친 호흡 섞인 '스' 3회 반복에 나도 그녀도 웃음이 터졌다. 8경 오르막길은 동네 사람들도 힘들어 하는 길이니 체력이 약하다면 내려가는 코스로 다니는 게 좋겠다. 그렇게 동네 한 바퀴 둘러보니 벌써 해가 저물어가고 있었다.

인우하우스로 돌아왔을 땐 7시가 조금 넘어있었다. 인우하우스는 방과 현관 열쇠를 손님에게 주기 때문에 늦게 들어와도 초인종을 누를 일이 없어 편하다. 현관을 열자 연우와 인우가 어린이집에서 돌아왔는지 시끌벅적했다. 연우는 세 살, 인우는 일곱 살 남매인데, 연우가 태어난 곳을 연우하우스 인우가 태어난 곳을 인우하우스라 이름 지었다고 한다. 양 갈래 머리의 연우는 처음 보는 날 졸졸 따라 다니며 뭐가 그리 좋은지 까르르 거린다. 그것도 잠시 연우네 식구들은 모두 고모님 댁에 다녀오신단다.

그렇게 연우네 식구들이 나가고 나 홀로 집에 남겨졌다. 방에 들어와 철퍼덕 팔자 좋게 누웠다. 눈을 감았다. 고요하다. 북촌은 참 조용한 동네다. 아직 때도 안 되었는데 잠이 밀려온다. 문을 열어보니 해가 순식간에 사리지고 마당에 어둠이 내려 앉아있었다. 조금 전까지만 해도 편안했던 고요함이 공포심으로 밀려들어왔다. 초고속으로 씻고 이불 속으로 들어왔다. 깜깜하다 못해 눈을 감고 있는지 떴는지도 구분이 안됐다. 이불을 얼굴까지 덮었다 들추었다 반복했다. 안되겠다. 다시 불을 켜려고 고개를 내밀자 어느새 어둠이 적응됐는지 조금 전보다 확연히 밝아져 있었다. 오히려 작은 창문으로 은은한 가로등 빛이 창호지를 뚫고 방을 비추고 있었다. 창에 난 전통문양이 천장에 그려졌다. 사뿐이 일어나 창문을 열었다. 동네 어귀 중간 중간 가로등 빛이 기와지붕에 부딪혀 빛났다. 낮과는 다른 풍경. 차갑지만 신선한 공기가 한숨 한숨 들어와 쓸데없는 고민들을 말끔히 청소해 주는 것 같았다. 그렇게 자정이 넘어 연우네 가족이 들어오는 소리에 비로소 잠이 들었다.

한옥에 살다 한옥 게스트하우스를 차렸어요

"연우하우스의 인기가 진짜 좋네요." 내 말에 할머니는 말했다. 처음엔 한 달에 한 번 잘하면 두 번 사람이 올까 말까였다고. 서울시로 부터 남는 방이 있으면 게스트하우스를 해보라는 공문을 몇 번 받았지만 관심 밖이었던 할머니는 매번 무시했다고 한다. 그러던 중 2년 전 한옥 보수를 하며 만난 구청직원이 연우하우스를 보고 "여긴 한옥 게스트하우스 하면 딱이겠네." 한마디 던졌다. 마침 아들이 결혼을 해서 남는 방도 있었다. 그렇게 할아버지, 할머니는 게스트하우스를 오픈했다. 여행을 좋아하던 할머니는 젊은 시절 여행을 가면 유명관광지보다 그들의 살림살이가 더 궁금했단다. 그래서 자신의 게스트하우스도 여행자들에게 보여지는 살림살이가 첫 번째 문화라며 신경을 많이 쓴다고.

고집스럽게 북촌을 지켜온 연우하우스. 할머니는 젊은이들에게 잊혀져가는 것들을 간직할 수 있는 것에 스스로가 한국을 대표하는 외교관이라 말한다. 한번은 유럽에서 온 여행자와 아침식사를 하는데, 밥상에 국을 먼저 올리고 밥을 떠 상에 올리려 보니 국이 온데간데 없더란다. 할머닌 분명 국을 떴는데 어디 갔지 하며 주변을 살폈다. 알고 보니 그들이 국을 에피타이저로 생각하고 밥이 나오기 전에 국을 홀라당 마셔버린 거였다. 할머니는 다시 생각해도 웃음이 나는지 호호 소녀처럼 웃으며 입을 가리던 손으로 다 큰 숙녀 엉덩이를 찰싹 내리친다. 아차, 방심했다. 카메라를 만지다 놀란 것도 잠시, 곧 미소가 새어 나온다. 오랜만이다. 한옥마을도 할머니 손맛도.

엄마도 아내도 아닌 그녀의 이름은 여행자

다음날. 햇살이 눈을 간질이는 통에 이른 아침 마당으로 나왔다. 차분한 단발머리에 눈웃음이 예쁜 한 여성이 요한이 재롱을 받아주고 있었다. 아침 일찍 나가서 밤늦게 들어온 탓에 인우하우스에 머무르는지도 몰랐다. 그녀는 30대 중반으로는 전혀 보이지 않는 최강동안 외모로 한참 어린 내 모습을 반성하게 만들었다. 더 놀란 건 5살과 3살. 두 아이의 엄마라는 사실이다.

그녀의 일탈은 이렇게 시작됐다. 남편이 시댁에 일주일 정도 가야하는 일이 생겼는데, 마침 아이들도 아빠를 따라가겠다는 것이다. 첫째는 그렇다 해도 세 살밖에 안된 둘째가 엄마 곁을 떨어지겠다니. 평소 한옥에 한번쯤은 살고 싶었던 그녀는 기다렸다는 듯 짐을 챙겨 북촌으로 왔다. "오늘 계획이 어떻게 되세요?" 내가 묻자 그냥 발 가는 대로 하고 싶은 대로 할 거란다. 그녀는 지금 두 아이의 엄마도 누군가의 아내도 아닌 여행자다.

두(Doo) 게스트하우스

햇살 잘 드는 마당
아련한 추억을 담은 한옥

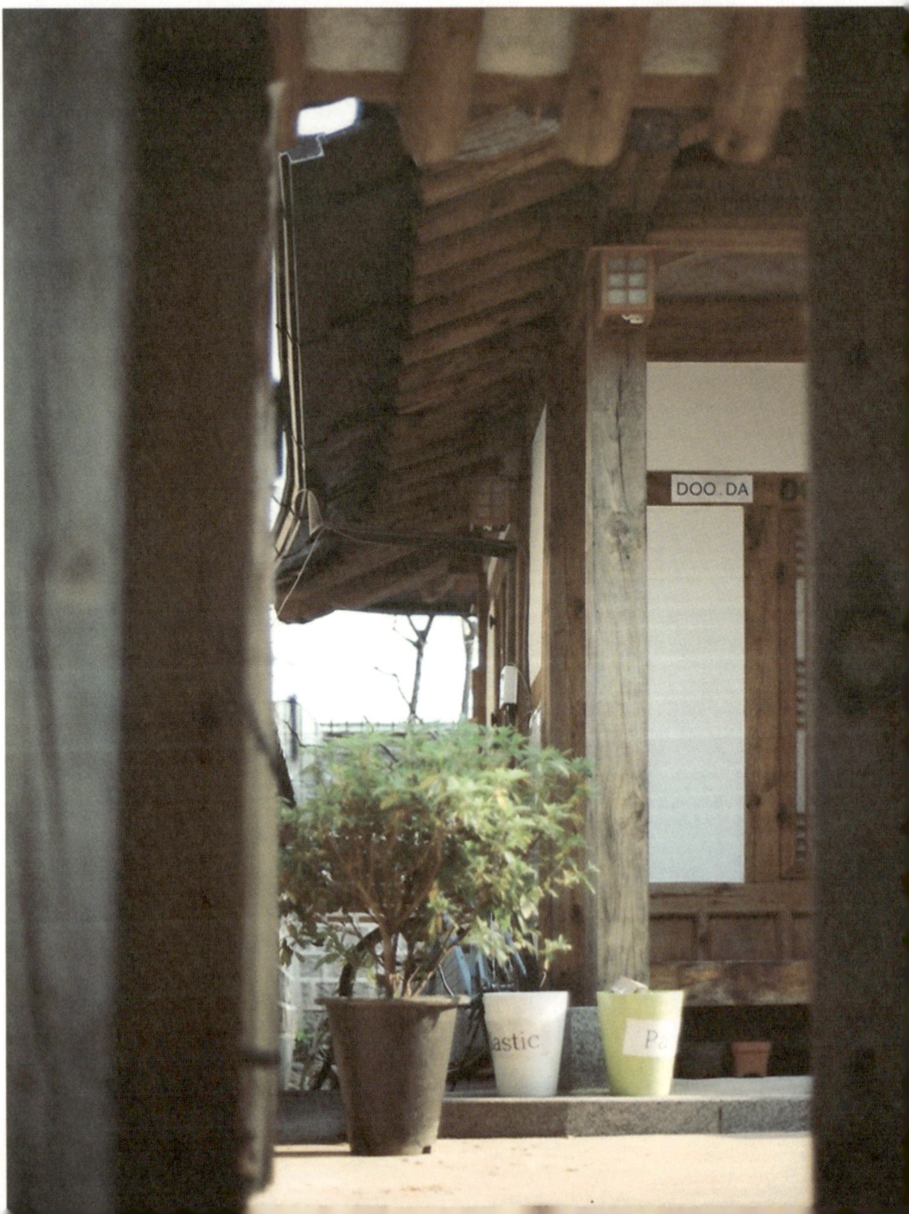

Writer's Comments

뒷뜰이 참 예쁜 두 게스트하우스! 두(Doo) 게스트하우스는 북촌에 있는 여러 게스트하우스 중에서도 깔끔한 실내와 외관이 돋보이는 곳이다. 뒷마당과 앞마당을 고루 갖춘 곳으로 북촌 한옥 마을의 메인 도로인 계동길에 자리해 있다. 자전거 대여가 가능하며, 찻집도 운영하고 있어 북촌 여행자들에게 사랑받는 집이기도 하니 들러보자. 오미자차, 매실차, 커피 등 차를 마시며 게스트하우스 분위기를 느껴보는 것도 좋겠다. 북촌에 머무른다면 야경이 멋진 '맑은 하늘 길'을 권한다. 한눈에 내려다보이는 삼청동 야경이 당신의 고민을 잠시 잊게 해줄 테니까.

GUESTHOUSE INFO

add _ 서울시 종로구 계동 15-6
price _ 싱글룸 5만원, 더블(2인) 6~8만원,
　　　　패밀리룸(4인) 12만원, 독채 18만원
in & out time _ 2시 · 10시반
meal _ 식빵, 잼, 녹차, 커피
tel _ 02-3672-1977
web _ www.dooguesthouse.com

1 현관으로 들어와 보이는 앞마당 모습.
2,5 간단한 조리를 할 수 있는 주방과
직접 만들어 먹는 조식.
3 두 게스트하우스의 1인실 내부 모습.
4 게스트하우스 방마다 고무신이
마련되어 있어 마당에서 편리하게 사용할
수 있다.
6,7 PC 사용이 가능한 라운지와 깔끔한
샤워실과 화장실.

단아한 마당이 있는 깔끔한 한옥

북촌의 여러 한옥 중에서도 앞마당과 뒷마당을 고루 갖춘 두(Doo) 게스트 하우스는 계동길의 끝자락인 중앙고교 가기 바로 전 왼쪽 골목에 있다. 골목에서 고개를 조금만 돌려도 정 사각의 깔끔한 간판과 큰 한옥집이 눈길을 끈다. 마중이라도 나온 듯 인도로 내려온 계단이 골목과 숙소를 이어주고, 현관을 들어서면 네모난 앞마당이 오른쪽으로 뻗어있다. 정면으론 컴퓨터를 하며 쉴 수 있는 라운지 공간도 마련되어있다. 라운지 공간의 앞문으론 앞마당이 뒷문으론 뒷마당이 눈에 들어온다. 앞마당에서 바라보면 마치 그림을 걸어둔 것처럼 뒷마당이 보이고, 라운지 양쪽으로 매달아놓은 한복이 바람 따라 곱게 흔들린다.

앞마당 끝에 위치한 스태프 룸에서 미쓰 에이의 수지 양을 닮은 예쁜 여자 스태프가 나와 방을 안내해 준다. 각방은 가에서 바까지 한글 이름으로 붙어있는 데, 내 방은 "라" 방이었다. 한옥 건축기법은 서양과 다르게 약간의 벽을 제외하고는 대부분의 공간이 창과 문으로 이루어져 있는데, 오늘 내가 묵을 방도 앞뒤로 큰 문이 있어 한옥의 개방적인 특징을 잘 보여준다.

두 게스트하우스에는 1인실, 2인실, 4인실이 있는데 1인실은 내가 누우니 아래위로 조금 여유가 있는 크기여서 키가 큰 여행자들은 좀 비좁을 수도 있겠다. 방은 작지만 앞뒤의 방 문을 활짝 열어두면 앞마당과 뒷마당의 풍경까지도 전부 내 소유가 된 것 같은 꽤 괜찮은 기분이 든다. 한옥을 지을 때 목수들이 가장 중요하게 생각한 것은 안에서 밖을 봤을 때 가장 아름다운 눈높이를 찾는 것이라고 하니, 보고 있는 풍경 하나 하나가 고맙고 소중해진다. 방에 짐을 풀고, 이리저리 한옥을 살폈다.

두 게스트하우스는 지대의 높이가 다른 두 공간으로 구분되는데, 내가 머무는 '라' 방이 있는 일층과 독립된 한 채의 한옥이 자리한 이층으로 나뉜다. 북촌에 위치한 한옥은 대부분이 ㅁ자 모양인데, 이곳 2층에 자리한 한옥은 ㄴ자 모양으로 1층을 향해 있다. 2층은 1층의 뒷마당으로 이어지는 계단을 통해 올라갈 수 있다. 일층 건물과 떨어져 독립적으로 지어져 있어 단체손님들이 맘껏 떠들며 쉬어갈 수 있겠다. 특히 라운지 뒤쪽에 위치한 뒷마당이 이곳에서 가장 아름다운 곳이다. 라운지와 손님방으로 연결된 잘 빠진 대청마루와 그 앞 기왓장을 쌓아올려 만든 화단, 앙증맞게 심어진 꽃, 적당한 높이의 단아한 돌담, 게스트를 위해 마련된 클래식한 자전거가 모여 뒷마당의 풍경을 만들고 있다.

"피자 드실래요?" 수지 양이 물었다. 게스트하우스를 관리하는 매니저님이 피자를 사오셨다고. 그렇게 매니저님과 수지 양과 난 앞마당 테이블에 앉아 피자를 먹었다. 한

1 단체손님들에게 인기가 많은 이층 마당의 독립형 ㄴ자 한옥.
2 기왓장을 쌓아올린 화단에 앙증맞게 심어진 꽃들과 돌담으로 이루어진 뒷마당. 두 게스트하우스에서 가장 아름다운 곳이다.

옥에서 피자라. 뭔가 이색적인 느낌이 들었다. "방이 너무 좁죠?" 매니저님은 130년 된 한옥을 개조하다보니 방이 작다고 한다. 한옥에 대해 큰 기대를 하고 온 손님이라면 작은 방을 보고 실망할지도 모르겠다. 하지만 편안한 느낌을 주는 한옥과 밤이 되면 마당에 들어오는 은은한 조명들은 북촌 그 어느 곳보다 근사하니 작은 방 때문에 실망하긴 이르다. 작지만 방마다 텔레비전, 냉온풍기, 거울, 드라이기까지 잘 갖추어져 있어 작지만 부족한 것 없는 공간이다. 그리고 두 게스트하우스는 게스트들이 서울 구경을 나간 오전부터 오후 나절까지는 오미차, 매실차, 커피 등 간단한 티를 마실 수 있는 카페로도 운영되니, 차 한 잔 마시며 여유롭게 한옥을 돌아보기 좋다.

마당에 검정 고무신과 흰 고무신이 넉넉하게 놓여있어 물었더니, 여행자들이 화장실이나 라운지에 갈 때 한옥 안에서 편하게 신을 수 있도록 마련해둔 거였다. 피자를 먹다 신발을 보니 벌써 적응했는지 나도 흰 고무신을 신고 있었다. 식사를 마치고 방에 들어와 보니 조명에도 사각의 전통문양이 있고, 앞쪽도 뒤쪽도 옆쪽도 모두 전통문양이다. 문양들을 쳐다보고 있자니 잠이 밀려온다.

얼마나 잤을까 마당이 소란스럽다. 오늘 출국이라는 중국 여자 여행자 네 명이 캐리어를 펼쳐두고 급하게 옷을 넣고 있었다. 마치 보따리 장사꾼처럼 마지막 날이라 쇼핑을 잔뜩 해왔다며 오로지 짐을 챙기는 데만 열중해 말 한마디 걸어볼 새가 없다. 그들이 후닥닥 짐을 챙겨 나가고 아직 잠이 덜 깬 나는 대청마루에 앉아 있다 썰렁해진 숙소를 바라보았다. 두 게스트하우스의 간판엔 불이 들어와 있었다. 금세 북촌은 어두워지고 조용해졌다. 지난번 북촌에 머물 때 다음번엔 북촌 밤 풍경을 보고야 말겠어! 하고 다짐했었기에 서둘러 일어났다.

삼청동 야경을 볼 수 있는 '맑은 하늘 길'로 향했다. 가회동 31번지 길목에 위치한 꽤 큼지막한 분위기 좋은 카페 '두르'에서 커피를 한잔 사들고 불빛마저도 조용한 북촌마을을 걸었다. 가로등 불빛은 가는 방향을 인도해주었다. 올라갈수록 북촌은 더욱 조용해지고 느려지는 것 같다. 이곳은 이렇게 느린데 저 아래 빠르게 움직이는 자동차들이 무심해 보였다. 올라가면서 아무도 없을 줄 알았는데 이곳 야경이 괜찮다고 느낀 건 나 혼자가 아니었나보다. 맑은 하늘 길엔 먼저 온 몇몇 사람들이 보였다. 그런데 전부 커플이다. 괜히 왔나 하는 내게 삼청동은 잘 왔다며 밝게 인사해준다. 따뜻한 커피 온도가 제법 차진 밤공기와 어우러져 무언가 위로해주는 느낌이 들었다.

비오는 날 한옥이 가장 좋아요

두 게스트하우스 말고도 여러 지점의 게스트하우스를 관리한다는 그는 푸근한 인상에 따뜻한 미소를 지녔다. 그날 마당에 앉아 피자를 먹다가 모난 한옥 구멍으로 뚫린 네모난 하늘을 봤다.

"한옥 언제가 좋아요?" 내가 묻자, 불편한 것도 많다던 그는 잠시 생각을 하더니 비 오는 날이 제일 좋단다. 빗물이 기왓장에 투두 투두둑 떨어지면 가슴까지 시원해진다고. 상상만으로도 시원해지는 기분이다. 왠지 비가 오는 날엔 이곳에 다시 오게 될 것 같다.

고마워 히로키 내 이야기를 들어줘서

야경을 보고 돌아와 있는데 뒷마당에서 캔 따는 소리가 들려 방문을 열어보니 한 남자가 팝콘에 캔 맥주를 홀짝이고 있다. 짙은 눈썹에 뿔테 안경을 쓴 그는 일본에서 온 히로키였다. 우리는 스마트폰으로 일본어를 찾아가며 이야기를 이어갔다.

일본 가구회사 배달 부서에 근무하는 그는 3일간 휴가를 내서 늘 생각만 하던 한국에 처음 왔다고 한다. 오기 전부터 명동이 너무 궁금했다던 그는 북촌에 머물면서 경복궁과 창덕궁이 아닌, 명동과 남대문을 먼저 다녀왔단다. 그런데 사람이 너무 많아 정신없었다며, 이곳 북촌이 마음에 든다고 했다.

"여행이 뭐라고 생각해?" 조금 뜸을 들이던 그가 입을 연다.

"사실 난 겁쟁이야."

어느 나라든 문화든 사람과 사람 사이의 벽은 없다고 생각해. 그 벽은 자신이 만들 뿐이지. 그리고 여행이 그것들을 깨닫게 한다고, 여행을 통해 스스로 성장하는 방법을 배우고 있다고. 겁쟁이라고 말하는 히로키가 용감하게 느껴졌다. 혼자서 외롭지 않아?

"외롭지만 즐겁다. 이렇게 너와 이야기 할 수 있잖아. 말을 걸어줘서 고마워"

"나도, 나도 고맙다 내 이야기 들어줘서" 우리는 자정이 넘어서야 각자의 방으로 돌아갔다.

다음날 아침 문을 열었는데, 뜻밖의 쪽지 하나가 눈에 들어왔다. 히로키와 내 이름이 적힌 쪽지. 어제 자신의 이름과 내 이름을 한글로 어떻게 적어? 라는 히로키에게 악필을 숨기고 정성들여 한자 한자 적어주었다. 히로키는 내 글씨를 보고 한글이 참 예쁘다고 했다.

통일전망대에 갈 거라던 그는 아침 일찍 나가고 없었다. 그의 짧은 쪽지 하나가 무척 고맙고 반가웠다. 쪽지를 들고 뒷마당에 우두커니 앉았다. 어제 히로키와 함께 앉아있던 그 자리. 한글이 처리 예뻤던가. 내가 적어준 쪽지를 보며 또박또박 따라 적었을 히로키의 모습을 생각하니 왠지 귀여웠다. 나도 감사합니다. 히로키.

북촌 8경 즐기기

북촌 1경 _ 돌담 너머로 창덕궁의 전경을 볼 수 있다. 북촌문화센터에서 나와 북촌 길 언덕을 오르면 펼쳐진다.

북촌 2경 _ 원서동 공방길. 창덕궁 돌담길을 따라 다다르는 골목 끝. 왕실 일을 돌보며 살아가던 사람들의 흔적이 남아있는 곳이다. 계동과 가회동의 한옥과는 또 다른 감성의 한옥을 마주할 수 있다.

북촌3경 _ 한옥 내부를 감상할 수 있는 가회동 11번지 일대. 전통문화를 체험할 수 있는 공방도 자리한다.

북촌 4경 _ 가회동 31번지 언덕. 이 일대를 한눈에 볼 수 있는 지점이다. 수많은 기와지붕과 함께 북촌 꼭대기 이준구 가옥까지 한눈에 들어온다. 개인적으로 8경 중 4경 코스가 가장 멋있다고 생각한다. 4경 스팟에 서면 기와 지붕들이 파도처럼 밀려드는 기분이 든다.

북촌 5경 _ 가회동 골목길 밀집 한옥의 경관과 흔적이 가장 많이 남아 있는 곳. 적극적인 한옥 지원 사업으로 한옥이 잘 보존되어 있다. 천천히 올라가면서 한옥의 아름다움을 가장 가까이서 관찰할 수 있는 코스.

북촌 6경 _ 가회동 골목길 한옥 지붕 사이로 펼쳐지는 서울의 전경. 처마 끝 사이로 보이는 서울 시내 전경이 북촌 산책의 백미로 손꼽힌다. 5경 쪽으로 내려다보면 남산타워도 보인다.

북촌 7경 _ 가회동 31번지. 고즈넉한 분위기의 작은 여유를 느낄 수 있는 골목. 북촌 사람들의 친근한 일상을 엿 볼 수 있다.

북촌 8경 _ 삼청동 돌계단길 화개1길에서 삼청동 길로 내려가는 돌계단 길, 모르고 보면 그냥 계단이지만 커다란 암반 하나를 통째로 조각한 층계가 눈에 들어온다.

web _ 북촌 한옥마을 bukchon.seoul.go.kr

창덕궁과 경복궁

북촌을 사이로 좌측에 경복궁, 우측에 창덕궁이 있다. 창덕궁은 마치 자연 위에 얹혀진 느낌으로 궁궐 중에서도 드물게 산세에 의지해 지은 궁궐이다. 세계문화유산으로 지정되어 있다. 경복궁은 중국 고대부터 전해오던 도성 건물배치의 기본형식을 지킨 정궁으로서, 정도전이 '시경'의 "이미 술에 취하고 이미 덕에 배부르니 군자만년 그대의 큰 복을 도우리라"라는 구절에서 큰 복을 빈다, 라는 의미로 경복이라는 두자를 따서 지어졌다.

창덕궁 : 매주 월요일 휴무 | **tel** _ 02-762-8261 | **web** _ www.cdg.go.kr
경복궁 : 매주 화요일 휴무 | **tel** _ 02-3700-3900 | **web** _ www.royalpalace.go.kr

국립민속박물관

경복궁 안에 있는 국립민속박물관은 우리 민족의 전통생활과 문화를 체험할 수 있는 공간이다. 근현대의 모습을 담고 있는 개항기 상점 및 전차를 만날 수 있는 추억의 거리도 마련되어 있다.

tel _ 02-3704-3129 | **web** _ www.nfm.go.kr

인사동

골목마다 이야기를 담고 있는 곳. 골동품, 화랑, 표구, 전통공예품, 전통찻집, 전통음식점이 몰려있어 외국인 관광객들이 기념품을 사는 곳으로 인기있다.

web _ 인사동관광정보센터 www.insainfo.or.kr | 종로5가역, 종각역 도보 5분 거리

정독도서관

임진왜란 때 총포를 만들던 화기도감이 있었으며, 사육신 중 1인인 성삼문의 혼이 깃든 곳이기도 하다. 경기고등학교가 이전하면서 지금은 도서관으로 자리매김했다. 봄엔 벚꽃이 만발하고 연못에 물레방아도 볼 수 있다. 굳이 도서관 때문이 아니라 여유있게 한 바퀴 돌아보는 것만으로도 책 한권 읽은 여운을 선사한다.

open _ 평일 7~23시 | **tel** _ 02-2011-5799 | **web** _ www.nfm.go.kr

쌈지길

인사동 속의 새로운 인사동으로 불린다. 한국의 멋이 느껴지는 디자인 제품들과 현대공예작품을 모두 만나볼 수 있는 공예품 전문 쇼핑공간이다. 네모를 그리며 돌다보면 옥상까지 연결되는 건물 구조가 독특하다. 사진이 잘 나오는 곳으로도 유명하니 근사한 기념사진을 원하는 사람은 꼭 방문하도록 하자.

open _ 11~21시 | **tel** _ 02-736-0088 | **web** _ www.ssamzigil.co.kr

탑골공원

인사동길이 시작하는 지점에 위치한 탑골공원은 세조 때 만들어진 우리나라 최초
의 공원이다. 3.1운동 때 독립 선언문을 낭독한 곳으로 유명하다. 무료 입장이니
인사동을 활보하다 지치면 쉬어가기 좋다.

add _ 서울시 종로구 종로2가 38-1번지 | **tel** _ 02-731-0534

금박연 공방

조선 철종 때부터 5대에 걸쳐 금박기술을 전수하고 있는 김기호 선생의 작업공방
이다. 자연에서 얻은 민어부리를 금박을 붙이는 본드로 사용하는 점이 인상적이다.
금요일엔 체험도 가능하다.

price _ 2천원 / 체험비 1만원~15만원
add _ 서울시 종로구 화동 118-2번지 1층 | **tel** _ 02-730-2067 | **web** _ www.kumbak.co.kr

삼청동길

소소한 낭만의 거리 삼청동. 아담하니 예쁜 카페와 다양한 디자인 상품까지 여성들
이 좋아하는 것을 다 모아둔 보물창고. 골목골목 손닿지 않은 공간에 예쁜 숍들이
숨어있으니 보물 찾는 심정으로 천천히 거닐자.

안국역 도보 5분거리 / 인사동길에서 도보 이동 가능

낙원상가

이름하여 파라다이스. 낙원상가는 2백 개가 넘는 악기전문숍이 빼곡하게 들어서 있
는 악기상가로 40년의 역사를 자랑한다. 세계기네스에도 등록될 만큼 큰 악기전문
상가니 꼭 음악전공자가 아니어도 가볼만 한 곳이다. 악기들로 눈이 즐겁고 운 좋으
면 악기를 사러온 아티스트의 연주를 들을 수도 있다. 젊은 열기로 기분이 업되기
좋은 공간이다.

add _ 서울시 종로구 낙원동 284-6 | **open** _ 영업시간 9~20시 | **web** _ www.enakwon.com

서울 게스트하우스

주인 할아버지와 헤어스타일이 똑같은 삽살개가 있는 집. 정원이 잘 꾸며져 있으며 특히 사랑채 풍경이 아름답다. 북촌에서 처음 시작한 게스트하우스로 역사가 깊다.

add _ 서울시 종로구 계동 135-1
price _ 싱글룸 4만원, 트윈룸 6만원,
　　　　빅트윈룸 9만원, 스페셜룸 11만원,
　　　　사랑채 22만원 (주말은 1만원 추가)
meal _ 유료제공. 5천원
tel _ 02-745-0057
web _ www.seoul110.com

우리집 게스트하우스

게스트하우스이면서 한국문화를 체험할 수 있는 문화공간이기도 하다. 계동 현대사옥 뒤편의 북촌문화체험관 바로 뒷집. 계동 마님댁으로 잘 알려져 있는 곳으로 100년이 넘은 한옥.

add _ 서울시 종로구 계동 104-3
price _ 2인 1실 (10만원, 1인 추가시 2만원 추가)
meal _ 커피, 차, 토스트 제공
tel _ 02-744-0536
web _ www.wooriguest.com

이랑 게스트하우스

80년된 한옥을 2011년에 깔끔하게 보수했다. 독채 형식이라 가족 단위로 머물기 좋다. 조용히 쉬어가기 좋은 게스트하우스로 창덕궁길에 자리하고 있다.

add _ 서울시 종로구 원서동 91번지
price _ 1인 5만원 2인 8만원
meal _ 토스트, 잼, 커피 제공
tel _ 02-744-5036
web _ www.iranghomestay.com

소리울 게스트하우스

거문고, 대금, 피리를 전공하는 세 아들과 국악을 사랑하는 부부가 운영하는 곳. 국악체험을 무료로 할 수 있으며 천연염색 무명이불 등 편안한 잠자리를 제공한다. 국립민속박물관 맞은편에 있다.

add _ 서울시 종로구 사간동 15-1
price _ 1인실 5만원 2인실 10만원
　　　　3인실 11만원, 12만원
meal _ 커피, 토스트 제공
tel _ 02-576-5556
web _ www.soriwool.com

문 게스트하우스

본채인 운현당과 별채로 이루어져 있으며 예체험, 김치 만들기, 전통 악기 체험 등이 가능하다. 외국인 친구에게 추천하기 좋은 곳이다.

add _ 서울시 종로구 운니동 87-1
price _ 1인 7만원, 2인 11만원, 12만원
meal _ 우유, 주스, 빵, 시리얼 제공
tel _ 02-745-8008
web _ www.moonguesthouse.com

소피아 게스트하우스

주인장 서정아(세례명 소피아)씨는 만화작가였다가 한옥이 좋아 게스트하우스를 운영하게 됐다. 150년의 역사를 간직한 곳으로 안국역에서 걸어갈 수 있다. 깔끔하고 소박한 분위기로 내외국인 모두에게 인기를 모으고 있는 곳.

add _ 서울시 종로구 소격동 157-1
price _ 1인실 4만원부터
　　　　2인실 8만원부터 다양
meal _ 수프, 샐러드, 토스트, 계란,
　　　　음료 제공
tel _ 02-720-7220
web _ www.sophiagh.com

비하이브 게스트하우스

청춘의 열기로 뜨거운
홍대 앞의 사랑스러운 방

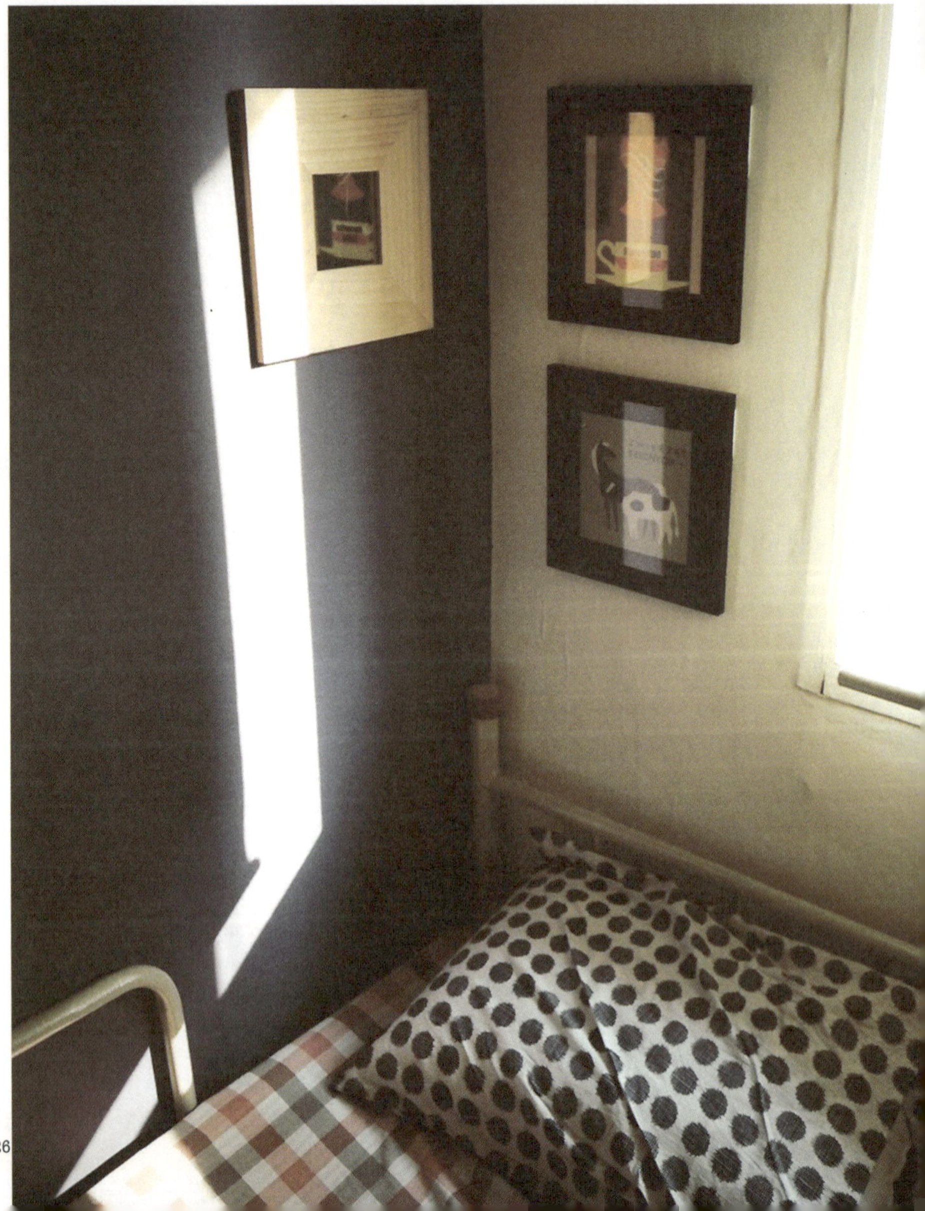

Writer's Comments

시끌벅적한 홍대 메인 스트리트에서 조금 떨어진 합정역 서교예술실험센터 가까이에 있다. 1층에 카페가 있는 2층 건물에 자리한 아담한 게스트하우스. 홍대에서 신나게 놀고 조용히 쉬기 안성맞춤인 곳. 8인실과 6인실, 2인실이 각각 하나씩 있다. 홍대라는 지역 특성상 외국인 게스트가 꽤 많아 외국인 친구를 사귀기에도 좋다. 일본 여행에서 만난 30대 초반의 젊은 커플이 운영하는 곳으로 주인 오빠의 일본어 실력이 수준급이니 일본 친구들에게 추천해도 좋다. 주인 커플이 직접 인테리어하고 소품 하나하나를 직접 꾸민 애정어린 공간. 침구는 깔끔하고 방도 깨끗하다. 조식으로 간단한 토스트가 제공된다.

1,2 현관을 열면 바로 거실로 이어지는
통로가 보인다. 통로를 따라 몇 걸음
걸으면 시야가 확 트이는 거실이 나온다.
3 큰 창이 있는 비하이브의 2인실 방안
4 비하이브게스트 하우스 입구 외관.
5,6 현관 오른쪽으로 자리한 주방과 거실
PC책상.
7 화장실에 마련된 세탁기는 주인장에게
이야기하고 이용하면 된다.

add _ 서울시 마포구 서교동 397-5 3층
price _ 도미토리 2만 5천원
　　　　 / 2인실 6만원
in & out time _ 2시 · 11시
meal _ 시리얼 or 토스트 제공
tel _ 070-8702-5007, 010-8779-5006
web _ www.beehive.kr

부지런한 여행 벌들의 작은 휴식처

들썩거리는 비트 진한 음악, 정신없는 네온사인, 젊음을 무기로 거리를 누비는 청춘들, 광기 섞인 잠들기 싫은 밤, 미치고 싶은 그리고 미칠 준비가 되어있는 밤, 젊진 안아도 젊음을 간직한 사람들의 거리, 이젠 진부해진 더 이상 말할 가치도 없는 홍대의 또 다른 말. 흔히들 "야 홍대 가자" 에서 홍대의 의미는 홍익대학교가 아니라 홍대입구역과 합정역 사이 수 노래방 근처인 일명 '주차장 길'이다. 액세서리 숍과 옷가게, 신명나는 클럽과 소 공연장, 신기한 테마의 카페, 맛 혹은 양으로 승부하는 식당이 이곳에 집합명령이라도 받은 듯 현란하게 자리하고 있다.

수 노래방 앞길을 따라 합정역 방향으로 걷다보면 오른쪽에 유일하게 높은 건물인 복합 문화 공간 상상마당이 나오는데 가던 방향으로 그대로 길을 건너면 누군가 음소거 버튼이라도 잘못 누른 듯 시끄러운 홍대와는 사뭇 다른 거리를 마주하게 된다. 벌집이라는 뜻을 가진 비하이브 게스트하우스는 바로 이곳 홍대입구역과 합정역 사이, 굳이 따진다면 합정역 쪽에 자리하고 있다. 합정역에서 서교예술실험센터방면으로 나와 오른쪽 골목 세 번째 블럭으로 들어서면 적색벽돌을 흰색 페인트로 칠해놓은 오른쪽 건물 이층이 바로 비하이브다. 반 지층부터 시작하는 건물 일층에는 카페가 있고 일층 입구로 들어와 카페로 들어서는 계단 옆으로 난 나무로 만든 요상한 터널로 들어오면 주사위 모양의 게스트하우스 간판이 보인다. 노래의 서곡만으로 전체의 흐름과 의도를 느낄 수 듯이 짤막한 터널이 숙소 분위기를 스케치하게 만든다.

터널을 빠져나오면 두 명이 올라서기엔 버거울 것 같은 좁은 계단 위로 남색 철문에 벌집 모양의 귀여운 로고가 붙어 있는 곳이 비하이브 게스트하우스다. 굳게 닫힌 문 앞에 서니 오기 전 연락 달라던 사장님의 말이 떠올랐다. 호출 받고 바로 달려온 사장님. 지적인 안경에 갸름한 눈매, 타원형 얼굴에 도톰한 입술, 반갑게 인사하는 구수한 사투리까지 영락없는 MC 김제동의 모습이었다. 뒤따라 올라가 문을 열고 들여다보니 화이트 톤의 주 컬러와 하늘색으로 포인트 준 컬러 덕에 상큼한 분위기가 물씬 풍겼다. 게스트하우스 근처에서 작은 여행사도 운영한다는 사장님은 문 여는 방법과 대략적인 숙소를 친절하게 설명해주고 떠났다. 현관에 들어서서 부엌을 지나 조그만 액자들로 꾸며진 통로를 빠져나가니 거실이 나왔다. 방석을 두 개씩 이어 만든 소파와 그 위 큰 곰 인형과 쿠션들이 포근함을 더해준다. 한편으론 컴퓨터를 쓸 수 있는 테이블과 그 위로 다녀간 여행자의 흔적들이 잘 마른 빨래처럼 대롱대롱 널려있고 또 다른 편으론 비하이브의 상징인 벌집 모양 책장이 자리하고 있다.

비하이브는 '벌집'이라는 뜻. 이곳 저곳을 날아다니는 여행자인 벌들이 만나는 벌집.

1 거실 벽면에 주렁주렁 매달린 다녀간 여행자들의 손 편지와 엽서.
2 비하이브에는 각방에 소지품을 보관할 수 있는 작은 사물함이 마련되어 있다.
3 젊은 사장님이 직접 꾸민 작은 소품들이 실내를 장식하고 있다.
4,5 현관에서 바라본 거실의 모습. 거실 오른쪽 큰 창 앞으로는 인형과 방석들이 놓여 푸근한 느낌을 준다.
6 창가에서 놓인 작은 화분 안쪽엔 귀여운 벌 한 마리가 앉아 있다.
7 사랑스런 색상의 침구들로 채워진 도미토리 방 안 .
8, 9 두발 뻗고 잠자고, 무거운 배낭을 내려놓을 수 있는 여행자들의 쉼터.

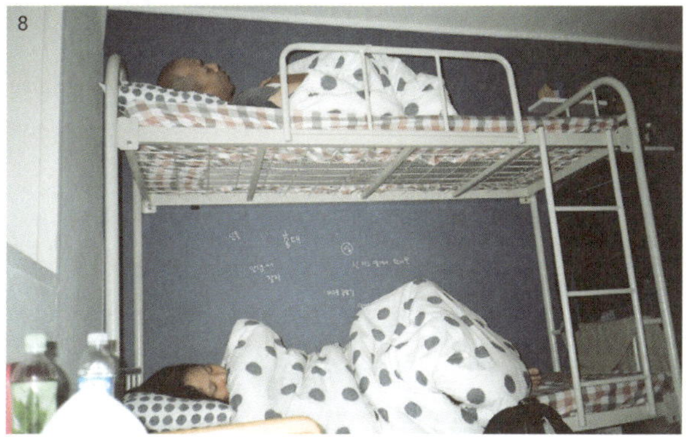

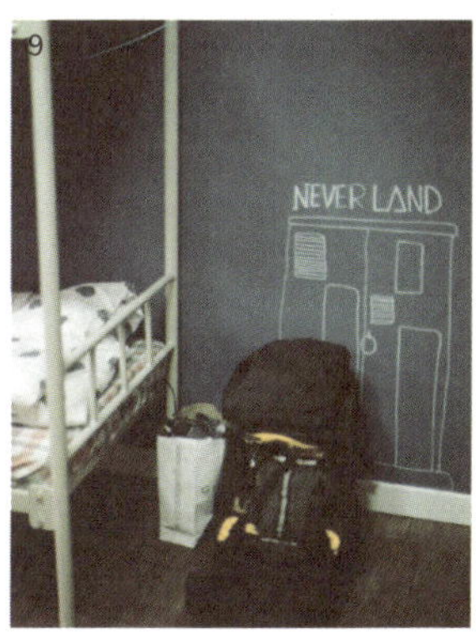

FOR SALE
WITHIN

낭만과 추억, 사랑, 여행, 기억이라는 의미 있는 단어를 벌집이라는 육각형 상자에 넣어, 맛있는 꽃을 찾는 벌을 기다린다는 의미로 '비하이브'라는 이름을 붙였다.

밤 12시, 홍대는 지금부터 시작이다

비하이브에는 모두 세 개의 방이 있다. 거실을 중심에 두고 각 8인실, 6인실, 2인실로, 거실 창문에 그려진 애교 섞인 낙서가 방안까지 이어져 벽면을 장식하고 있다. 무엇보다 주택을 개조하면서 센스 없는 주인이었더라면 갈아엎었을 사각의 울퉁불퉁한 디테일 천장을 깔끔하게 흰색페인트로 마무리해 천장이 집 전체를 감싸 안는 것 같은 포근함이 느껴진다. 빈 침대 중 아무거나 사용하라는 사장님의 말을 따라 산뜻한 파랑 초록 이불이 있는 침대 1층 자리에 짐을 풀었다. 머리맡 큰 창문으로 근처 가게주인이 앞마당을 쓸고 있는지 쓱싹쓱싹 소리가 들려왔다. 숙소엔 홍대 구경 나간 주인 없는 배낭들만 덩그러니 남겨져 있었다.

빈 숙소를 이리저리 구경하다 거리로 나왔다. 매번 홍대에 올 때마다 같은 곳만 갔었는데 이번엔 한 번도 가 본적 없는 벽화거리로 향했다. 홍대 벽화거리는 몇 군데로 나눠져 있는 데 그 중 가장 긴 골목인 와우산로 22길을 선택했다. 홍익대학교를 바라보고 오른쪽으로 뻗은 골목길에 들어서자 벽화들이 줄지어 남은 길을 안내한다. 어떤 벽은 낙서처럼 또 어떤 벽은 일러스트처럼 벽마다 개인의 취향이 묻어난다. 특히 전봇대에 그려진 아이스크림은 너무 귀여워 가던 길을 멈추고 사진기를 들게 만든다.

이곳 저곳을 구경하다 쇼 윈도에 비친 내 모습을 바라보고 놀랐다. 숙소에서 나와 추리닝 바지에 후드티까지 초라한 주민의 모습을 하고 있었다. 그럼에도 불구하고 내 모습과 상반된 홍대거리는 12시가 넘은 이 시간 이제 막 시작한 오프닝무대처럼 온통 길을 메운 사람들과 환하게 불을 켠 가게들로 한 낮처럼 느껴졌다. 전화벨이 울려 받아보니 친구다. 친구 녀석 중 하나가 생일인데 내가 오늘 홍대에서 1박을 한다는 말에 여기로 모였다며 나오란다. 다시 내 모습을 한번 보고, 친구의 목소리에 귀를 기울였다. 그리고 다시 내 모습을 봤다. 그래, 추리닝이면 어떻고 밤이면 어떠랴.

"어디라고?"

"홍~~~~대!"

친구들의 목소리가 수화기를 타고 요동쳤다. 그래, 홍대는 지금부터 시작이다. 어디로 가면 재밌게 놀 수 있어? 가끔 여행자들이 내게 묻는다. 그럼 두 번 생각할 것도 없다. 무조건 홍대로 가라.

일본 여행하다
홍대 게스트하우스의 주인이 되다

식당에 들어서자 주인 오빠와 언니가 앉아 있다. 게스트들이 원래 밤엔 잘 안 들어온다며 심심할 것 같아 나오라고 연락했다 한다. 둘은 일본에서 만난 연인으로 한국에 들어와 주인 오빠가 게스트하우스를 운영하고 언니가 소소한 것들을 도와주고 있었다. 대구에서 나고 자란 그는 일본을 여행하면서 만난 사람들이 좋아 계속 그들을 만날 수 있는 방법이 없을까 고민하다 게스트하우스를 떠올렸다.

홍대라는 곳에 대한 막연한 동경만으로 아는 사람 하나 없는 이곳에서 맨땅에 헤딩하는 심정으로 오픈하게 되었다. 아무것도 없었던 공간에 인테리어와 숙소 곳곳의 낙서들 그리고 로고까지 직접 만들 정도로 정을 많이 쏟은 공간. 그의 말속에서 진심어린 애정이 느껴졌다.

숙소 거실에 비하이브가 소개된 외국 잡지 사진이 벽에 붙어있어 물으니 첫손님 이야기를 꺼낸다. 인터넷으로 예약을 한 인도네시아 손님이 저녁 10시에 오기로 하고는 새벽이 되어도 오지 않아 계속 긴장하고 기다렸다고 한다. 알고 보니 길을 잃어 택시를 탔는데 말이 안 통해 계속 엉뚱한 곳에 내려주니 결국 새벽 2시가 넘어서야 숙소에 도착했다.

인도네시아에서 에디터 일을 하고 있던 그녀는 비하이브의 친절에 감동하여 인도네시아 잡지에 이곳을 소개하였다고. 그렇게 시간이 지나고 빈 잔이 하나둘 늘어가며 포장 안 된 진짜 이야기가 하나둘 나온다. 정이 많아 오는 손님들에게 게스트와 호스트 이상으로 대하지만 숙박료를 안 내고 도망가는 손님부터 작은 일에 토라져 밤새 다 들리는 뒷담화를 하는 손님까지 마음의 상처가 제법 큰 듯했다. 그저 여행자들과 에너지를 주고받고 싶어 만든 공간이지만 이제 막 서른이 된 젊은 사장이 지고 가기엔 꽤 어려운 짐인 듯 보였다.

한국의 게스트하우스에 묵으며 느끼는 건 외국 게스트하우스엔 없는 정이 있다는 것이다. 그리고 그 정 때문에 호스트와 게스트 사이의 경계가 애매해진다는 점은 매력적인 장점이 되기도 하고 때론 치명적인 단점이 되기도 한다. 정 때문에 게스트는 토라지기도 하고 정 때문에 호스트는 상처 받기도 한다. 사람과 사람이 만나는 공간. 그렇기 때문에 좋은 기억도 나쁜 기억도 공존할 수밖에 없는 곳. 그의 말에 머무는 사람의 입장이 전부가 아니라는 걸 새삼 깨닫는다. 중요한 건 좋든 나쁘든 전부 소중한 추억이라는 점이다. 그리고 그는 지금 그 추억들 때문에 충분히 행복하다고 말한다.

수향, 제르미, 하라, 사에미를 만나다

숙소로 돌아와 보니 삼각 김밥과 떡볶이를 먹고 있던 외국인 남녀가 날 반겼다. "안녕하세요 저는 제르미입니다." 한국어라고는 저게 다인 제르미가 어색한 인사를 한다. 스페인 국적인데도 제르미의 영어 실력은 꽤 수준급이었다. 수향은 중국과 스페인 혼혈인데 이국과 동양을 오가는 매력적인 외모가 눈길을 끌었다.

단지 친구 사이라고 말하는데 글쎄, 수향은 몰라도 제르미는 아닌 것 같았다. 맵다며 물을 찾느라 주방을 들락날락 소란스럽게 떡볶이를 먹던 수향은 한국 음식이 너무 맵다고 했고, 제르미는 한국 음식이 참 맛있다고 한다.

"어떤 음식이 제일 맛있어?"

"삼각 김밥."

신기하고 맛도 다양해서 좋다고, 한국 어느 곳이 좋았는지 물으니 제르미의 입에서 불쑥 북한산이 튀어나온다. 등산을 좋아하는 난 그의 대답이 놀랍고 반가워 저절로 목소리가 높아졌다. 그는 많은 나라에 가봤지만 한국의 산은 정말 아름답고 놀랍다며 너무 좋다고 극찬했다. 지리산과 설악산도 좋다며 추천하니 다음에 꼭 가보겠다며 메모했다. 떡볶이를 다 먹고 나서 둘은 찜질방에 갈 거란다. 등산에 찜질방이라. 내가 할 말은 아니지만 참 이십대답지 않은 취향이다.

그렇게 수향과 제르미를 보내고, 거실에 인기척이 들려 나가보니 두 명의 일본여행자였다. 20대인 하라와 사에미는 어릴 적부터 친구라고 한다. 한국배우를 너무 좋아해 한국에 관심을 갖게 됐고 음식과 노래도 너무 좋다고 한다. 특히 한국남자들은 키도 크고 잘생겼다며 마주 보고 눈을 반짝였다. 그녀들 사이에서 난 알 수 없다는 표정을 짓고 있을 뿐이었다. 어디 가냐는 질문에 클럽에 간단다. 그렇지 홍대하면 클럽을 빼 놓을 수 없지. 얼마 전 일본에 사는 친구네 놀러갔을 때 일본여성들의 메이크업이 너무 예뻐 배우고 싶다는 생각을 했었는데 조금 뒤 풀 메이크업을 하고 나온 하라와 사에미를 보니 다시 그 투지가 불타오른다.

"게스트하우스를 뭐라고 생각해?"

조금 고민하던 사에미가 입을 연다.

"지구촌".

지구촌. 그러고 보니 그렇다. 일본에 살던 너희가, 한국에 사는 내가, 스페인에 살던 그들이 이곳 홍대 한 지붕 아래 머물고 있으니 말이다.

벽화거리

일명 피카소 거리라 부른다. 짧게는 몇 주 길게는 몇 년에 한번씩 거리의 그림들이 싹 바뀐다. 홍대 벽화거리는 하나의 길이 아니라 몇군데 분포되어 있는데 대표거리가 와우산로 22길이다.

홍대거리

홍대입구역 도보 5분 거리. 액세서리 숍 의류매장, 신기한 테마의 카페, 음식점들이 즐비하고 있어 항상 많은 사람이 붐빈다.

상상마당

홍대입구역과 합정역 사이에 위치한다. 라이브홀, 갤러리, 아카데미 등으로 구분되어 전시, 공연을 즐길 수 있는 예술 복합 문화 공간이다. 대형영화관에서 보기 어려운 독립영화도 볼 수 있다.

add _ 서울시 마포구 서교동 367-5 | **tel** _ 02-330-6200
web _ www.sangsangmadang.com

프리마켓

홍대놀이터에는 주말이면 젊은 예술가들의 프리마켓이 열리고, 운 좋으면 거리공연을 볼 수도 있다.

add _ 홍대 정문 왼편에 위치

카페 5 Extracts

바리스타챔피언십 수상자들이 운영하는 카페로, 커피의 주요한 5가지 맛을 느낄 수 있다는 '의미를 담아 카페 이름을 지었다. 숫자 5를 눕혀 커피 잔을 표현한 로고가 참신하다. 웬만한 프랜차이즈 카페에선 맛보기 힘든 사이폰 커피를 맛볼 수 있다.

add _ 서울시 마포구 서교동 405-10 | **tel** _ 02-324-5815

르솔 게스트하우스

르솔은 프랑스어로 땅이라는 뜻. 실내건축을 공부한 노광현 씨와 어릴 때 프랑스로 건너가 문학을 공부한 므제니 부부가 운영하는 곳. 단정하고 조용한 분위기로 인기 만점.

add _ 서울시 마포구 동교동 230-29
price _ 1인 4만원, 2인 5만 5천원,
　　　　3인 6만 6천원, 4인 8만 8천원
meal _ 간단한 식사, 커피, 빵
tel _ 02-6368-8930
web _ www.lesolguesthouse.com

토마토 게스트하우스

신촌역이나 홍대입구역에서 마을버스를 타고 가는 궁동공원 근처. 조용한 연희동 주택가에 있어 진짜 집 같은 분위기. 테라스와 마당, 정원이 인상적이다. 친구들과 놀러가기 좋은 곳.

add _ 서울시 서대문구 연희 1동 444-74
price _ 도미토리 2만원
meal _ 간단한 식사 제공
tel _ 070-4404-5825
web _ cafe.naver.com/tomatocabin

타임 게스트하우스

배낭여행 경험이 많은 주인장들이 만든 곳. 핸드폰, 아이패드, 자전거 대여, 짐 보관 등 여행자를 위한 다양한 서비스를 제공하고 있다. 친절한 매니저가 타임게스트하우스의 자랑.

add _ 서울시 마포구 연남동 255-9
price _ 도미토리 2만 2천원~2만 3천원
　　　　2인실 10만원
meal _ 토스트, 잼, 커피 제공
tel _ 011-9559-0405
web _ www.timeguesthouse.com

서울아이 게스트하우스

홍대 앞의 단독주택을 개조한 곳으로 저렴한 가격이 매력적이다. 외국인 친구를 사귀기 좋고 여행사 연계 DMZ, JSA 투어도 가능하다. 세탁은 빨래와 건조 포함 5천원에 가능하다.

add _ 서울시 마포구 연남동 561-61
price _ 도미토리 1만 6천원~2만원
　　　　1인실 3만 4천원, 2인실 2만 3천원
meal _ 커피, 홍차, 토스트, 잼, 버터, 계란 제공
tel _ 070-8779-6161
web _ www.seouliguesthouse.com

또문다락방 잠자는 딸기

신촌역에서 도보 10분 거리에 있는 친환경을 표방하는 여성 전용 게스트하우스. 생태적인 삶을 지향하는 곳으로 환경을 위한 여러 활동들을 하고 있다. 친절하고 편안한 느낌의 게스트하우스.

add _ 서울시 마포구 와우산로 38길 24
price _ 도미토리 2만 5천원~3만 5천원까지
　　　　1인실 5만원 2인실 7만원
meal _ 토스트, 차, 과일 제공
tel _ 070-7889-2198
web _ sleepingstrawberry.com

리앤노 게스트하우스

네팔, 캄보디아, 미얀마 등 세계 여행을 하고 돌아온 부부가 느리고 살고 싶어 게스트하우스를 오픈했다. 여행자들과 소통하는 게스트하우스를 지향하고 있어 인기 만점.

add _ 서울시 마포구 연남동 561-29
price _ 도미토리 2만 2천원, 2인실 6만원
　　　　가족룸 7~10만원
meal _ 토스트, 커피, 잼, 차, 주스, 버터,
　　　　달걀프라이, 과일, 소시지 제공
tel _ 070-8774-4878
web _ www.lnguesthouse.com

해피가든 게스트하우스

뒤로 남산, 길 건너 명동
서울 도심 속 소박한 쉼터

Writer's Comments

해피가든 게스트하우스는 명동 중심가와 가까우면서 남산의 기운을 받아 신선한 공기로 가득한 곳이다. 주인이 중국인 아주머니인 탓에 중국어권인 대만 홍콩 중국 여행자들이 많이 찾는다. 중국친구들을 사귀고 싶다면 해피가든으로 가면 된다. 2010년 가을, 3층짜리 주택을 개조해 1층과 3층을 게스트하우스로 만들었다. 주인 아주머니의 가족은 2층에 살고 있다. 세탁기를 무료로 사용할수 있으며, 남산과 가까워 아침 산책으로 남산 성곽길을 걸을 수 있어 좋다. 아주머니 취미가 빨래인만큼 침구의 깨끗함은 더 말할 것도 없다!

1 1층 현관 모습.
2,3 마당을 향한 창으로 햇살이 들어오는
도미토리 방 안과 거실.
4 현관 옆에 있는 화장실과 샤워실.
5,6 거실에 마련된 안내책자와 사물함
그리고 믹스커피. 사물함은 귀중품만 넣는
작은 크기부터 배낭을 넣을 수 있는
큼지막한 사이즈도 있다.
7 입구에서 올라가는 나무 계단.

GUESTHOUSE INFO

add _ 서울시 중구 퇴계로 20길 50-10
price _ 도미토리 2만원,
　　　　미니룸(1인실 4만원 2인실 6만원),
　　　　온돌방(1인실 5만원, 2인실 7만원,
　　　　3인실 9만원),
　　　　패밀리룸(최대9인) 20만원
in & out time _ 2시 · 11시
meal _ 제공하지 않음.
tel _ 02-771-3789 , 010-8775-1507
web _ www.hpgarden.com

중국 친구를 사귀고 싶다면

"언니, 서울의 중심이 어디라고 생각해?"

"명동!"

서울 지도를 보다 무심히 던진 내 질문에 침대에 늘어져 있던 언니는 1초도 망설이지 않고 대답했다. 넌 아직 그것도 모르냐, 라는 표정으로. 그녀의 대답이 지리적 측면에서인지 경제적인 측면에서인지는 모르겠으나. 그녀의 대답은 그랬다. 당연히 명동. 북적이는 거리, 계속 고꾸라지는 몸부림 같은 걸음, 제자리에 서 있어도 제자리가 아닌 것 같은 사람들의 요동침, 사려고 간 마음이 아니더라도 지갑을 열 수밖에 없게 만드는 쇼 윈도, 옷 가게며 화장품 가게 언니들이 한중일로 외쳐대는 호객 멘트, 저 멀리 외계인과 접신하듯 붙어있는 남산타워.

그 아래 바로 평화로운 해피가든 게스트하우스가 있다. 남산은 명동의 북적거림은 가지고 있지만 명동의 소란스러움을 가지고 있지는 않았다. 명동역 3번 출구로 나오면 건물과 건물사이 넣어놓은 빨래처럼 남산을 품은 골목이 있는데. 그 골목이 해피가든이 자리한 곳이다. 해피가든은 2010년 가을에 문을 열었다. 3층짜리 주택의 1층과 3층을 여행자를 위해 게스트하우스로 운영 중이다. 주인 가족은 2층에 사는데, 현관에서 벨을 누르니 2층 베란다에서 아주머니가 반갑게 인사한다. 곧 흰색 레이스를 연상케 하는 낮은 대문과 장미 지붕으로 덮인 우아한 현관문이 열린다. 이곳은 남산으로 올라가는 가파른 지형이라 현관에 들어서서도 나무 계단을 열다섯 칸 정도 올라가야 되는데 그래서인지 3층집이 마치 5층집처럼 느껴졌다.

계단을 올라가니 조약돌로 꾸며진 마당이 나온다. 자잘한 조약돌 사이로 굵은 돌 발판이 놓여 문으로 향하는 길잡이 역할을 해준다. 건물 1층 정면으로 큰 발코니 창이 있고, 그곳엔 음료 광고의 한 장면처럼 '라라라라' 라는 소리가 날 것 같은 파란색과 흰색의 시원한 그리스 산토리니 섬이 윈도 마카로 그려져 있다. 산토리니 창 아래로 낮게 꼬여있는 나무울타리와 키 작은 꽃들이 가득 모여 있다. 마당 여기저기를 구경하는 내게 아주머니는 지난주엔 꽃이 정말 예뻤는데 다 졌다고 아쉬워한다.

대화를 나누다 보니 주인 아주머니의 억양이 미세하게 다르게 느껴졌다. 알고 보니 그녀는 한국인과 결혼해서 한국에 살게 된 중국인이었다. 한참 이야기를 나눌 때까지 눈치 채지 못할 정도로 한국어가 유창했다. 남편은 다른 일을 하고, 아주머니 혼자 게스트하우스를 운영하는데, 그녀가 중국인이어서 그런지 중국과 더불어 대만 홍콩 싱가폴에서 몰려드는 중국어권 여행자들이 대부분이었다. 알고 보니 중국어권 여행자들에게 영어와 한국어를 못해도 찾아가기만 하면 아주머니가 모든 걸 다 해결해주는 숙소, 곧

1 조약돌과 앙증맞은 꽃들이 만드는 일층 마당 모습. 일층 유리창엔 그리스 산토리니섬 풍경이 시원하게 그려져 있다.
2 마당에서 내려다보는 골목으로 뻗은 입구 모습.

란한 상황에 처하게 되면 찾는 대사관 같은 존재로 입소문도 나 있었다.

걸어서 남산 관광과 명동 쇼핑이 가능한 곳

해피가든의 방은 도미토리와 2인실 이상의 단체실로 이뤄져 있는데. 1층이 도미토리이고 3층이 단체실로 운영된다. 1층 안으로 들어서자 빨간색과 흰색이 섞인 사물함이 눈에 들어온다. 그 옆으론 자유롭게 쓸 수 있는 수건이 마련되어 있는데, 중국 여행자들은 대부분 개인 수건을 가지고 다녀 사용을 거의 하지 않는단다. 입구 왼쪽으로 널찍한 화장실이 2개 붙어있다. 방은 총 세 개인데, 2인실, 4인실, 6인실이 왼쪽부터 순서대로 자리해 있다. 거실에 놓인 텔레비전과 컴퓨터가 마당을 헤치고 들어오는 햇살을 받아 반짝인다. 내가 머무를 방은 6인실인데, 6명이 여유있게 사용할 수 있는 넉넉한 공간이었다. 연보라색 이불이 노란 이층침대의 나무와 만나 포근함을 자아내는 전체적으로 소박하지만 깔끔한 느낌이 들었다.

나 말고도 세 명 정도 도미토리 이용자가 더 있다는 데 모두 명동 구경을 갔는지 조용하다. 나도 짐을 두고 해피가든을 빠져 나왔다. 남산은 자주 보지만, 올라가 본 기억은 거의 없어 오랜만에 남산에 가기로 마음먹었다. 남산은 성곽길 등산로와 여러 개의 트레킹 코스가 잘 되어 있어 걷는 걸 좋아하는 뚜벅이들에게 인기가 많다. 등산로가 시작되는 부근의 관리실처럼 보이는 곳에서 등산로 지도도 받을 수 있다. 하지만 난 케이블카를 타기로 했다. 조금 걸으니 케이블카가 올라가는 모습이 눈에 띄었기 때문이다. 그리고 조금 뒤 케이블카를 타고 올라가면서 후회를 했다.

6월의 네모난 케이블카는 그야말로 네모난 찜통이었다. 푹푹 찌는 더운 공기가 가득한 케이블카에 덩실덩실 몸이 흔들렸다. 케이블카가 아닌 등산로로 걸어 올라온 사람처럼 땀을 뻘뻘 흘렸다. 화장기는 다 없어지고, 이리저리 부는 더운 바람이 머리를 들쑤셨다. 예쁜 모습 보여주기 힘든 남산이라는 곳이 왜 데이트 명소인지 난 잘 모르겠다.

숙소로 돌아오니 여행자 두 명이 있었다. 명동에 머무는 여행자들은 대부분 쇼핑이 목적이다. 그래서 밤이 되면 낮에 산 물건들을 모두 펼쳐놓고 걸쳐보는 여행자를 볼 수 있다. 그날은 난생 처음 보는 양말처럼 생긴 팩을 발에 씌우고, 허연 크림을 얼굴 여드름 난 곳에 잔뜩 찍고 온갖 파스 같은 것들을 온몸에 바르고 있는 두 여자가 있었다. 차마 다가가기 힘든 모습. 난 그녀들을 보고 나도 모르게 완전 크게 웃어버렸고, 그녀들도 자신들의 모습이 우스운 걸 아는지 나보다 더 크게 웃었다. 그러고도 아직 보여줄 것이 더 있다며 그녀들은 이곳 명동처럼 바쁘게 움직이기 시작했다.

1

1 한국인들 뿐 아니라 외국관광객들에게도 인기가 좋아 언제나 분주한 명동의 거리.
2,3 옛 성벽들을 따라 만들어진 남산으로 향하는 성곽길.
4 등산길 입구에 자리한 안내 표지판에는 지팡이를 쥐고 있는 사람부터 편하게 걷는 사람의 모습까지 등산로의 난이도를 한눈에 알 수 있는 픽토그램이 그려져 있다.
5,7,8 도심한복판의 있는 남산 모습. 남산에서 바라보는 서울 경관과 N타워.
6 명동과 남산 정상을 이어주는 남산 케이블카.

난 아직 서울의 중심이 명동인지 아닌지 잘 모르겠다. 하지만 팔딱팔딱 뛰는 심장처럼 잠시도 쉴 줄 모르는 바쁜 명동. 여행자들을 바쁘게 만드는 명동. 심장이 뛰어야 사람이 살 수 있듯, 이 정신없이 팔딱거리는 명동 때문에 서울이 더 인기있는 건 맞는 것 같다. 그래서 서울의 중심은 누가 뭐래도 명동이다.

남산 게스트하우스

외국인이 많이 찾는 곳으로 공항 픽업, 휴대폰 대여, 다국어를 지원하는 컴퓨터 등 여행자를 위한 다양한 서비스를 하고 있다. 침대방과 온돌방으로 나뉘어져있으며 남산을 산책하기에도 좋다.

add _ 서울시 중구 남산동 2가 33-3
price _ 2인실 5만원, 4인실 8만원 외 다양
meal _ 토스트, 잼, 커피, 차, 버터 제공
tel _ 02-752-6363
web _ www.namsanguesthouse.co.kr

진 게스트하우스

남산한옥마을 근처에 있는 곳으로 조용하고 깔끔한 분위기. 남산이 보이는 테라스에서 바비큐 파티를 할 수 있으며 외국인 여행자들도 많이 이용하는 곳이다.

add _ 서울시 중구 필동 2가 80-1
price _ 도미토리 1만 9천원~2만 2천원,
　　　　트윈룸 5만 4천원
　　　　패밀리룸 10만원
meal _ 토스트, 커피 제공
tel _ 02-2264-4622
web _ www.jinguesthouse.com

시아라920 게스트하우스

종각역 근처에 자리한 곳. 세계 여행을 하고 돌아온 주인장이 아름다운 서울을 소개하는 쉼터를 만들고 싶어 오픈했다. 객실이 파스텔 톤으로 아기자기하고 깔끔하게 꾸며져있다.

add _ 서울시 종로구 인사동 258
price _ 도미토리 2만원부터,
　　　　1인실 4만 2천원,
　　　　2인실 4만 8천원 등 다양
meal _ 빵, 커피, 차, 잼, 버터, 과일 제공
tel _ 02-735-1018
web _ www.ciara920.com/kor
　　　　/location.php

명동 에코하우스

명동역에서 3~4분이면 갈 수 있는 명동 한복판에 위치한 게스트하우스. 도심에 있지만 한국 느낌의 한실로 꾸며져있다. 2012년에 오픈했다.

add _ 서울시 중구 남산동 3가 20-9
price _ 2인실 5만 5천원~6만 5천원
meal _ 커피, 잼, 빵, 주스 제공
tel _ 02-757-3646
web _ www.seoulmama.com

여행자를 통해 중국 소식을 들어요

땡그란 눈에 유쾌한 웃음 그리고 한국어를 능숙하게 구사하는 소녀 같은 그녀. 중국어를 전공한 남편을 중국에서 만났고 94년에 함께 한국으로 왔다. 이젠 중국에 살던 식구들이 하나둘 한국으로 들어와 중국보다 한국에 가족들이 더 많다고. 그래서 성수기에 일손이 부족할 땐 한국에 있는 친동생이 도와주기도 한단다. 해피가든 게스트하우스를 운영하며 떠나온 자신의 나라 얘기를 여행자들에게 수시로 들으니 너무 좋단다. 처음 한국에 들어왔을 땐 남편과 가게도 하고 이곳저곳에서 여러 가지 일을 했다고 한다. 그래서 그녀는 서울 지리에 대해 나보다 빠삭하다. 한국에서 나고 자란 우리가 습관처럼 무덤덤해지는 것들이 그녀에겐 모두 새로운 것이다. 현지인이지만 여행자의 객관적인 시선을 지닌 현지인이랄까. 그녀가 말하는 한국의 모습은 신선하다. 그녀의 서울 이야기에 빠져있는데 꽤 덩치 있는 교복 입은 고등학생이 창밖으로 지나간다. 아들이란다. 소녀 같은 그녀에게 저리 큰 아들이! 내가 놀라니 그녀는 자신이 동안이라고 자랑하더니 원래 몸짱이었는데 요즘 살이 많이 쪘다고 덧붙였다. 스스로 몸짱이었다고 말하는 그녀가 무척 귀여웠다. 그래서 그녀의 모습을 담고 싶었지만 나중을 기약하며 남겨두기로 했다. 몸짱으로 돌아갈 그 때를 기약하며…

'언니' 하나면 다 통한다니까요

그녀는 오늘 머무르는 여행자 중에 가장 늦게 숙소로 들어왔다. 중국에서 온 그녀의 이름은 양찐. 패션을 전공하는 대학생으로 방학이라 동대문에서 패션유통에 관한 실습을 하기 위해 왔다고 했다. 한국에 여러 번 왔었는데 해피가든에는 두 번째 왔단다. 그녀는 학교를 다니면서 한국에서 명품백들을 사서 중국에 파는 투잡도 하고 있는 데, 마진이 어마어마하단다. 그 말에 나도 중국에 명품백 파는 알바를 해볼까 하는 엉뚱한 생각마저 들었다. 나보다 두 살 어린 그녀가 내게 가장 많이 한 말은 '언니'였다. '언니'라는 단어 하나로 모든 대화가 가능하다는 것을 그녀에게 배웠다. 그녀가 명동에서 사온 치킨 팝콘을 들고 '언니'라고 불렀다. '먹을래요?'라는 말이 함축되어 있다. 밤이 되자 그녀가 전등 스위치에 손을 얹고 '언니'라고 불렀다. '불 꺼도 돼요?' 라는 말이 함축되어 있다. 내일 5시에 동대문에 간다기에 너무 이른 시간이라 그녀에게 재차 확인했다. "5시?" 하지만 8시까지도 그녀는 잠들어 있었다. 내가 그녀를 깨우자 그녀가 비몽사몽인 채로 말한다. "저 좀 있다. 5시. 가요." 알고 보니 그녀가 말하는 5시는 9시였다. 어제 저녁 그녀의 쌩얼사진을 찍는 건 실례인 것 같아, 그녀가 나가기 전 사진을 찍으려고 4시 반까지 잠도 못 자고 기다렸는데 허무했다. 언제 중국으로 돌아가느냐 물었더니 5일 후라고 말했다. 근데 지금 생각해보니 그것도 9일 후가 아닌지 매우 의심스러워진다.

명동

서울 충무로, 을지로, 남대문로 중간에 위치한 곳으로 서울 '쇼핑의 메카'라고 불린다. 명동거리에 가보면 알겠지만 중국대사관과 명동성당을 제외하곤 대부분 상가다. 낮 12시부터 사람들이 많아지기 시작하며, 상가에서 나오는 불빛과 거리 포장마차들로 늦은 밤까지도 많은 이들의 발길이 이어진다. 액세서리숍, 의류편집숍과 화장품 가게, 다양한 브랜드점과 골목골목 먹거리 천국! 구매할 마음이 없던 여성들도 절로 지갑을 열게 만드는 쇼핑의 거리!

남산 성곽길

현대적인 서울이지만 한양도성의 4대문과 18km에 이르는 성벽 잔해들이 남아있다. 바로 그 잔해들을 따라 자리한 트레킹 코스. 북악산, 낙산, 남산, 인왕산을 따라 꼬불꼬불 연결된 한양 도성길로 서울의 옛 모습은 물론 아름다운 자연 경치를 모두 즐길 수 있는 최고의 트레킹 코스다. 남산코스는 숭례문에서 장충체육관으로 이어지는데 약 2시간 정도 소요된다.

중부공원녹지사업소 | **tel** _ 02-3783-5900 | **web** _ www.parks.seoul.go.kr

N서울타워

1969년 수도권으로 라디오와 TV를 송출하기 위해 세워진 전파탑으로 지금은 서울을 대표하는 하나의 상징이 되어 버렸다. 서울 야경을 한눈에 내려다 볼 수 있는 가장 높은 곳으로 자연과 어우러진 시민의 휴식공간이자 외국인의 관광명소로 자리 잡았다. 사랑의 메시지를 적어 N타워 난간에 채워두는 '사랑의 자물쇠'는 연인들의 낭만적인 데이트 코스로 손꼽힌다.

add _ 서울시 용산구 용산동 2가 산1-3번지 | **tel** _ 02-3455-9277, 9288

남대문시장

남대문 동쪽에 위치한 종합시장으로 하루 이용객이 평균 45~50만 명에 이른다.
섬유제품, 액세서리, 그릇용품 등의 도매 상가들이 자리해 있으며, 관광객들에게
인기가 좋은 김, 인삼 등 한국을 대표하는 농수산물과 식품을 판매한다. 그밖에 남
대문의 명물 야채호떡과 만두, 칼국수, 족발 등 먹거리로 유명하다. 6시 이후, 점
포들이 문을 닫으면 시장 메인 골목길은 포장마차가 줄지어 문을 열어 낮과 다른
풍경을 만들어낸다.

add _서울시 중구 남창동 49 | **tel** _ 02-753-2805

남대문 야채 호떡

야채와 잡채를 한가득 넣은 속에 밀가루 반죽을 입혀 노릇하게 튀겨낸 야채호떡.
약 6년전까지만 해도 남대문에 야채호떡을 파는 곳은 단 한 곳뿐이었지만 지금은
남대문을 대표하는 간식거리로, 시장 일대에 야채호떡 가게들이 여럿 생겨났다.
야채 속에 간이 되어 있거나 호떡 표면에 간장을 발라주는 등 가게마다 맛이 다른
것이 특징이다.

서울애니메이션센터

국산 캐릭터를 활용한 애니메이션의 원리를 배울 수 있는 전시실부터 해외로 수출
되는 만화와 문화콘텐츠관련 도서를 신분증만 제출하면 마음껏 읽을 수 있는 공간
이다. 유료시설로는 찰흙을 이용한 클레이 애니메이션 제작체험과 애니메이션 전
용극장에서 애니메이션을 관람할 수도 있다.

add _ 서울시 중구 예장동 8-145 | **tel** _ 02-3455-8341 | **web** _ www.ani.seoul.kr

\#

한 게스트하우스 주인장이 이런 말을 했다.
"이상하게 사람들을 만나면 만날수록……외로워져요."
매번 찾아오는 여행자들이 반갑지만 그만큼 두렵기도 하다고.
만남의 수가 떠나가는 수와 같을 테니 그럴 만도 했다.
사실 나도 많은 사람들을 만난 이번 여행이 무척 외로웠다.
그런데 지금은 그들과 함께 있던 그곳이 매우 그립다.
나는 게스트하우스가 그립다.
그곳에서 만난 사람들이 그립고,
방 한 구석 침대 위, 오로지 나를 위한 내 공간이 그립다.
그래서 난, 또 배낭을 싸야겠다.

\#

매일 밤, 다른 곳에서 다른 여행자들과 나누는 다른 이야기는 같은 맛이 난다
방랑자들의 바람 냄새, 1g 정도의 고단한 맛,
8g 정도의 행복한 맛 그리고 약간의 외로운 향과 게으른 맛이 난다.
서로 다른 인생들이 여행자라는 이름으로 이곳에 모여든다.
여행 이야기 그리고 그들의 인생 이야기가 매일 밤 이곳에 수북이 쌓인다.
게스트하우스, 이곳은 단지 그들이 쉬어가는 곳이 아니다. 그들이 하루를 사는 곳.
떠난 곳을 추억하며 떠나온 곳을 열망하며 떠나갈 곳을 갈망하며 살아가는 곳.
그래서 그 짧은 시간 속엔 그들이 살아온 긴 시간이 시한폭탄처럼 내재되어 있다.
이곳은 알 수 없는 설렘으로 매시간이 긴장된다.
아스라이 터질 듯 말 듯 가슴 속 시한폭탄들을 끌어안고,
처음 보는 당신이 처음 보는 내가 서로에게 위로가 되어
오늘 밤도 그렇게 흘러간다.

그리고 남은 이야기

땅끝마을에서 만난 승철이. 부천에서부터 400킬로를 삼선슬리퍼를 신고 자전거를 타고 왔다는 스물 한 살 승철이의 이야기는 여행 내내 나의 주변을 맴돌았다. 처음 만났을 때 게스트하우스가 뭐냐고 묻던 승철이였는데 몇 주 후 통영에 도착했을 때, 스태프들과 게스트들이 그의 이야기를 꺼냈다.
"지…지난주엔가…? 어떤 까만 남자애가 자전거를 타고 부천에서 온 거예요! 우리 완전 놀라 자빠졌잖아요~!!"
"왜요??!"
"걔가 밤에 도착했거든요. 우리가 마당에 전부 앉아있는데 문으로 자전거만 들어오는 거예요~! 사람은 안 보이고!"

까매서 안 보였다는 이야기다. 하필 티셔츠도 검정색이었단다. 해남 케이프 게스트하우스에서 만나고 헤어진 승철이 이야기를 통영 1호점 게스트하우스에서 전해들었다.
여행은 끝났지만 그 잔해는 게스트하우스를 통해 누군가의 입에서 입으로 전해진다.
벌써 여행을 마친 승철이의 이야기를 지금 생생히 듣고 있는 것처럼, 게스트하우스에서 전해지는 누군가의 여행이야기엔 엔딩이 없다.

"앗, 근데 그 아이 삼선슬리퍼 말고 운동화 신고 왔던가요?"

여행지 정보는 게스트하우스에서_ 대부분의 여행자들이 그 지역에 대한 정보 없이 여행하는 경우가 많다. 물론 직접 가서 부딪히는 여행도 좋다. 문제는 짐! 역과 터미널에서 내린 그대로 짐을 들고 여행하는 여행자도 있다. 하지만 철인이 아니라면 이왕이면 게스트하우스로 먼저 가서 짐도 두고, 지역 정보도 얻고 가벼운 몸과 맘으로 여행하면 어떨까? 게스트들과 여행 정보를 공유하자. 현재 여행 중인 그들의 정보보다 빠르고 정확한 건 없다. 어느 지역이 지금 축제 기간인지, 어느 지역의 꽃이 활짝 피었는지……. 여행자들에게 얻은 생생한 정보로 여행 일정을 바꿔보는 것도 좋다.

주인장을 최대한 귀찮게 하자_ 현지인 사이에서 유명한 곳이지만 여행 책에는 나오지 않아 여행자들이 모르는 경우가 허다하다. 주인장은 그곳에 사는 우리가 아는 유일한 현지인이다. 주인장에게 유명한 맛집과 숨은 관광지 정보를 싹싹 긁어내자.

스스로 하는 여행자가 되자_ 게스트하우스에선 자신이 먹을 아침을 스스로 만들고, 설거지도 직접 해야 한다. 만약 공동으로 음심을 해먹었다면 함께 치우는 것이 원칙이다. 누군가의 대접을 기대하며 가만히 앉아 있다가는 꼴불견여행자가 되기 십상이다.

게스트하우스 서비스를 활용하자 _ 게스트하우스마다 제공하는 서비스가 있다. 자전거대여부터 마당에서 고기를 구워 먹을 수 있게 그릴을 빌려주는 곳도 있다. 게스트하우스의 홈페이지를 통해 미리 알아보고 더 알찬 여행을 만들자.

게스트하우스는 호텔이 아니다_ 가끔 온갖 정리 상태부터 방에 왜 텔레비전이 없는지까지 호스트에게 건의하는 여행자가 있다. 게스트하우스 도미토리 이용금액은 평균 2만 원대임으로 금액에 합당한 것을 요구하도록 하자. 그렇다고 저렴한 금액이니 무조건 참으라는 말은 절대 아니다. 누가 봐도 불쾌하고 불편한 사항이 있다면 이야기하는 것이 당연하다. 하지만 최상의 서비스와 시설을 원한다면 그냥 호텔로 가는 게 좋다.

게스트하우스는 공동 공간이다_ 게스트하우스는 여러 여행자들이 함께 쓰는 공간이다. 밤늦게까지 방안에서 소란을 피우지 않도록 주의하자. 게스트하우스는 잠을 자는 공간과 음식을 먹거나 담소를 나누는 공간이 구분되어 있다. 방에서 한 사람이라도 자고 있다면 방에서 오랜 시간 이야기하는 것은 피해가 된다. 공용 공간을 활용하자. 또 게스트하우스는 이성을 만나는 공간이 아니다. 여행을 통해 만난 사람과 인연되어 연인으로 발전하는 경우도 있지만, 여행이 아니라 이성교제가 목적이 되는 건 옳지 않다.

게스트하우스 물건을 내 물건처럼 _ 게하의 물건은 여행자를 위한 것은 맞지만 당신만을 위해 준비된 물건은 아니다. 계란 한 판을 삶아 가져가는 게스트부터 여행자의 고단함을 덜어주고자 마련해둔 자전거를 함부로 사용하는 게스트까지 말도 안 되는 개념 상실 여행자들이 있다. 여행자를 위한 호스트들의 배려를 함부로 이용하지 말자!

도미토리의 명당은 구석 1층 자리! _ 대부분의 여행자들이 2층 침대의 2층을 선호하지 않는다. 화장실에 갈 때마다 물을 마실 때마다 침대 옆 좁은 계단을 오르락내리락 거리는 건 체력적으로 힘들 뿐 아니라 매우 귀찮기 때문이다. 그래서 대부분의 여행자들이 1층을 선호한다. 가끔 스무 명 중 한 명은 2층을 좋아하는 사람도 있긴 하다.

게스트하우스에서는 마음을 열자 _ 마음을 열고 그들과 어울리다 보면 자신의 마음 한 편 무거운 짐도 금세 달아난다. 여행자들과 친해지는 방법은 많다. 그냥 반갑게 인사하거나 혹은 주변에서 사온 지역 먹을거리를 나누어먹는 것도 좋다. 혼자 왔다 하더라도 용기내서 말을 걸어보자! 그들 역시 누군가가 먼저 말 걸어 주길 기다리고 있을지 모른다.

이왕이면 한 게스트하우스에서 이틀 이상은 머물러보자 _ 하루씩 머물면 그만큼 시간에 쫓기며 여행하게 된다. 하지만 그보다 더 문제는 빨래거리다. 하루씩 머무는 장기여행들의 배낭은 곧 빨랫감으로 가득 찬다. 적어도 이틀씩은 머물며 빨랫감을 처리하도록 하자. 또 그만큼 여유있는 여행이 된다. 대부분의 게하에 세탁시설이 있으나, 그렇지 않다면 주변 셀프 세탁 시설을 활용하자.

내일로 여행자들에게 한마디 _ 내일로 여행자들이 가장 많이 범하는 오류는 스탬프를 많이 찍고 기차를 많이 타야 남는다고 생각하는 점이다. 그래서 기차만 10번 넘게 탄 것을 자랑스럽게 이야기하는 여행자도 있다. 기차를 타는 건 목적이 아니라 수단이다. 여행의 본질을 잃어버리지 말고 한 지역이라도 제대로 여행하도록 하자. 기차를 많이 타면 남는 건 결국 기차 안뿐이다.

게스트하우스 벽면을 살펴라 _ 먼저 다녀간 여행자가 혹은 주인장이 벽면에 게스트하우스 주변으로 여행 정보를 붙여놓은 곳이 많다. 지도를 코스별로 구분해 놓은 것부터 주인장이 솜씨 좋게 그린 맛집 지도가 붙어있기도 하다. 또 게스트들이 남긴 여행에 관한 온갖 이야기들을 들여다볼 수 있는 기회이기도 하다.

같은 방 게스트 인물 분석하기 _ 인물분석이란, 성격이나 옷차림 직업 나이에만 해당되는 것은 아니다. 같은 방을 사용하는 게스트가 코를 골게 생겼나, 안 골게 생겼나를 빠른 속도로 파악하자. 소리에 예민한 사람은 더욱 이 능력을 갖춰야 한다. 인물 분석이 끝나면 무조건 요주의 인물과 최대한 떨어진 곳에 짐을 풀자.

물건은 스스로 챙기기 _ 중요한 소지품은 게하 사물함에 잘 보관하도록 하자. 사람이 들어갈 정도로 큰 사물함이 마련된 곳도 있고 귀중품만 넣을 수 있는 작은 사물함이 준비된 곳도 있다. 공동공간임으로 서로 불미스러운 일이 생기지 않도록 귀중품은 사물함에 보관하자. 사물함이 없는 숙소에선 알아서 잘 챙겨야 한다.

게스트들과 여행 친구가 되자 _ 혼자 온 여성여행자들은 보고 싶어도 무서운 밤길 때문에 멋진 야경을 포기하는 경우가 종종 있다. 분명 게스트하우스엔 자신과 같은 처지에 놓인 여행자가 있을 거다. 먼 곳까지 와서 밤길 때문에 야경을 포기하지 말고 다른 여행자들과 함께 야경을 보러가자.

스쿠터를 타고 한 달 남짓 전국 여행 중이다. 제주도에서 얼마 전 통영으로 배를 타고 넘어왔다. 기한도 없고 정해진 일정도 없다. 적어도 지금은 아무것도 필요 없다. 그냥 돈이 다 떨어질 때까지 그의 여행은 계속될 거란다. 그는 지금도 바다를 닮은 파란 스쿠터와 함께 어딘가를 달리고 있겠지.

육태우(26)_통영 1호점 게스트하우스

잘생긴 통영 1호점 일꾼. 문제는 자신이 잘생긴 걸 안다는 것! 극심한 왕자병을 앓고 있는 그는 원래 여행자로 이곳을 방문했다가 몇 개월간 이곳 스태프로 있게 되었다. 그리고 이번 주면 다시 집으로 돌아간단다. 통영 게하가 마냥 좋아 눌러앉았는데 이젠 정이 들대로 들어버려 내 집을 두고 가는 것처럼 맘 한곳이 허전하다. 그래도 게스트하우스는 게스트로 오는 게 제 맛이다!

김경민 (25) 통영 1호점 게스트하우스

기타를 벗삼아 홀로 여행 중이다. 대학에서 보컬을 전공하고 소소하게 밴드생활을 하다가 불현듯 여행을 시작했다. 혼자 여행은 처음이라는 그는 게스트하우스의 매력에 빠져 집으로 돌아갈 일정이 점점 멀어지고 있다. 여행하면서 직접 작곡한 따끈한 곡을 부르는 모습에서 진짜 행복이 느껴진다.

배원일(26)_통영 1호점 게스트하우스

인테리어 일을 하는 최고급 오토바이를 타고 여행 중인 마초남. 주말마다 한 번씩 바람 쐬러 이곳저곳을 다닌다. 차도 있지만 여행은 무조건 오토바이다. 바람을 뚫고 지나가는 그 느낌이 너무 좋다고. 경주 게하는 두 번째 방문인데, 이유는 모르겠으나 사람들이 전부 그를 '묵찌기'라고 부른다. 여행 중 대부분은 게하를 이용하는 진정한 게하 마니아.

묵찌기 (30대 초반)_ 경주 게스트하우스

취업난에 힘들어하다 얼마 전 통영으로 여행을 왔다. 그리곤 게스트에서 스태프로 눌러 앉았다. 하반기 취업을 노리며 통영에서 지친 맘을 위로받을 예정이란다. 통영 게스트하우스 2호점 담당 스태프로 그 곳에 가면 그녀를 만날 수 있다.

김지애 (25)_통영 2호점 게스트하우스

게하에서 묵고 친구가 된 사이. 둘 다 혼자 온 여행자로 한 명은 서울에서 회계 일을 하고, 또 한 명은 대구에서 온 피아노 전공자다. 게하는 처음이라 용기내서 걸음했다고. 둘다 신세계를 발견한 표정으로 우리나라에 여행자를 위한 게스트하우스가 있는 줄 몰랐다며, 앞으로의 여행에선 게하에만 갈 거란다.

이름을 밝힐 수 없는 그녀들_ 경주 게스트하우스

여행은 처음이다. 혼자 하는 여행은 더더욱 처음이다. 여행 팁으로 배낭을 가볍게, 라고 말할 정도로 무거운 짐 때문에 고생했지만, 그녀가 짊어지고 있는 세상의 짐에 비하면 솜털 같았다. 수정이 넌 잘 할 수 있어 라는 말이 그녀에겐 가장 큰 짐이었다. 그리고 오늘 난 수정이에게 한 짐 더 안긴다. 문수정 넌 잘 할 수 있다고!

문수정 (24)_광주 남도 게스트하우스

서울에서 온 회계사. 일 때문에 경주에 왔다가 주말이라 며칠 쉬다가려고 혼자 남았다. 안압지에서 야경을 보고 늦게 체크인을 했다. 알고 보니 나와 안압지에서 같은 시각 같은 황소개구리를 보고 있었다. 조금 전까지 만해도 전혀 모르던 남남이었지만 게스트하우스에서 우린 같은 개구리를 주제로 야기를 나누는 사이가 되었다.　　　여행자(29)_ 경주 게스트하우스

한양대 교환학생 경력 덕에 꽤 괜찮은 한국어 실력을 갖추고 있다. 모국어인 싱가폴어에 영어, 한국어까지 3개 국어를 갖춘 부러운 영혼이다. 여행을 할 때 주로 게스트하우스를 애용한다는 그녀는 게스트하우스를 한마디로 정의해달라는 질문에. 이렇게 답했다. 게스트하우스는 피난처다.　　　캐롤 앙 (singapore)_광주 남도 게스트하우스

오랫동안 학원에서 수학강사로 몸담고 있다가 홀연히 여행을 떠나왔다. 매일 매일 쳇바퀴처럼 같은 일상에 점점 고립되는 느낌이 들어서였다. 여행을 통해 스스로를 발견 한다는 그에게 '휴가가 아니라 아예 그만두신 거예요?' 내가 조심스레 묻자. 그가 쿨하게 말한다. '일이야 또 구하면 되죠~ 수학 강사 자리는 많아요~.'　　　홍상수 (30대)_순천 남도 게스트하우스

무작정 시작된 여행은 그에게 큰 깨달음을 남긴 듯하다. 그냥 등산하러갔다가 산삼 캔 느낌? 그가 말하는 여행은 이렇다. 그의 진로에 많은 영향을 줬던 심리학 서적 저자를 여행 중 게스트하우스에서 우연히 만났으니 말이다. 무작정 시작된 여행은 귀한 인연들을 그의 앞에 하나둘 내어 놓는다.　　　정호진 (21)_ 광주 남도 게스트하우스

한국 이름 김상후. 어린 시절 가족 모두 캐나다로 떠났고, 그 후 한국에 대한 어렴풋한 기억을 가지고 성인이 되어 처음 한국에 왔다. 많은 곳을 여행했지만 한국 여행은 가장 보람되고 행복한 여행이란다. 그는 나중에 시간이 지나서도 오랫동안 추억할 수 있는 특별한 여행을 하는 중이다.　　　David (Canada)_ 광주 남도 게스트하우스

경찰 시험을 준비하고 있다. 올한 왠지 예감이 좋다. 빡빡한 일정 속에 잠시 쉬고 싶어 내려왔다. 일상과는 전혀 상관없는 다른 사람들 다른 공간에서의 생활은 서울에서의 자신을 잊게 만든다. 한곳에서 며칠씩 머물면서 그곳 사람들 풍경, 공기까지 느끼는 진정한 여행꾼이다. 올해는 좋은 소식이 있길!　　　윤성한 (20대 후반)_통영1호점 게스트하우스

부산에서 온 물리치료사다. 병원을 옮기면서 잠시 시간이 나서 여행 왔다. "게하는 처음인데 다른 곳도 다 이래?" 그녀가 더 잘 꾸며 놓은 더 하우스 분위기에 흠뻑 젖어 내게 물었다. "아뇨, 다 달라요." 흠칫하는 그녀에게 내가 말을 이었다. "다 달라서 재밌어요!!"　　　김미경(31)_ 속초 더 하우스 게스트하우스

"게스트하우스가 뭐예요?" 그가 내게 처음 한 질문이다. 난 숙소를 찾는 그를 이끌고 게하로 향했고, 그는 곧 게하의 매력에 빠졌다. 그리고 며칠 후 그에게 연락이 왔다.
"누나, 지금 통영 가는 중인데 거기도 게스트하우스 있어요?"　　　강승철(21)_해남 케이프 게스트하우스

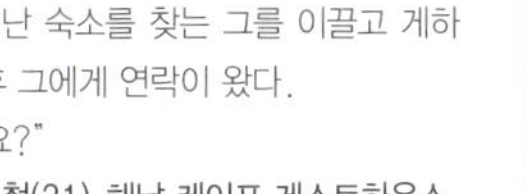